电力技能人才等级评价
管理培训教材

国网山东省电力公司　编

中国电力出版社
CHINA ELECTRIC POWER PRESS

内 容 提 要

本书主要介绍了技能等级评价开展背景、工作框架、申报条件及评价内容、评价流程管理、评价资源管理、评价安全管理、证书备案及结果应用、监督与考核、前沿展望等方面，并附录了有关文件和资料。内容涵盖技能等级评价的全部管理流程，不仅有管理工作中应包含的具体规定和要求，同时也收纳了曾经发生的较为典型的案例经验，二者内容互为支撑，既对具体管理做了讲解和说明，又用案例佐证理论，做到理论与实践相结合。

本书是国网山东省电力公司技能等级评价管理人员培训课程体系教材，通过本书的学习，能够快速有效指导技能等级评价管理人员顺利开展相关技能等级评价管理工作，助力更多的一线技能员工获得相应的职业资格，切实提高一线员工技能水平，实现业务效率高效提升，为优化电力营商环境添加动力。

图书在版编目（CIP）数据

电力技能人才等级评价管理培训教材 / 国网山东省电力公司编. —北京：中国电力出版社，2022.5
ISBN 978-7-5198-6429-3

Ⅰ. ①电… Ⅱ. ①国… Ⅲ. ①电工技术–技术培训–教材 Ⅳ. ①TM

中国版本图书馆 CIP 数据核字（2022）第 015692 号

出版发行：中国电力出版社
地　　址：北京市东城区北京站西街 19 号（邮政编码 100005）
网　　址：http://www.cepp.sgcc.com.cn
责任编辑：雍志娟
责任校对：黄　蓓　李　楠
装帧设计：张俊霞
责任印制：石　雷

印　　刷：北京雁林吉兆印刷有限公司
版　　次：2022 年 5 月第一版
印　　次：2022 年 5 月北京第一次印刷
开　　本：787 毫米×1092 毫米　16 开本
印　　张：7.5
字　　数：138 千字
定　　价：48.00 元

编 委 会

目录

第一章

技能等级评价概述

职业技能鉴定，是我们耳熟能详的一个词汇，随着经济社会的快速发展，对于"社会化"的职业技能鉴定，其评价内容及方式已不能满足企业"一企一策"个性化评价技能人才的需求，企业技能等级自主评价应运而生。国家人社部放权企业自主开展技能等级评价，是创新人才评价机制、充分发挥人才评价"指挥棒"作用、推进人才队伍建设的一项重大改革。建立科学的人才评价机制，对于树立正确用人导向、激励引导人才职业发展、调动人才创新创业积极性、加快建设人才强国具有重要作用。

本章主要介绍国家电网有限公司（以下简称"国网公司"）技能等级评价的基本概念及其开展背景、国家职业资格改革有关政策、国网公司技能等级评价体系的建立等内容。

第一节　技能等级评价概念及开展背景

一、技能等级评价的基本概念

国家人力资源和社会保障部关于印发《职业技能等级认定工作规程（试行）》的通知（人社职司便函〔2020〕17 号）中明确，职业技能等级认定，是指经人力资源和社会保障部门备案公布的用人单位和社会培训评价组织，按照国家职业技能标准或评价规范对劳动者的职业技能水平进行考核评价的活动，是技能人才评价的重要方式。

国网公司开展技能等级评价工作，是贯彻国家职业资格改革要求、推进职业技能等级认定工作的重要举措，是人社部职业技能等级认定工作在国网系统内部的具体表现形式。根据《国家电网有限公司技能等级评价管理办法》，技能等级评价是指依据人力资源和社会保障部职业技能等级认定相关要求，结合公司实际，对技术技能类岗位职工的职业技能水平进行考核评价的活动。技能等级评价从低到高设置五个等级，依次为初级工、中级工、高级工、技师和高级技师。五个等级对应的能力素质要求如表 1-1 所示：

表 1-1　　　　　　　　　　　技能等级评价各等级对应能力素质要求

等级	能力素质要求
初级工	能够运用基本技能独立完成本职业的常规工作
中级工	能够熟练运用基本技能独立完成本职业的常规工作；并在特定情况下，能够运用专门技能完成较为复杂的工作，能够与他人进行合作
高级工	能够熟练运用基本技能和专门技能完成较为复杂的工作，包括完成部分非常规工作；能够独立处理工作中出现的问题；能指导他人进行工作或协助培训一般操作人员
技师	能够熟练运用基本技能和专门技能完成较为复杂的、非常规性的工作；掌握本职业的关键操作技能，能够独立处理工作中出现的问题、解决本职业关键操作技术和工艺难题；在操作技能技术方面有创新，能组织指导他人进行工作，能培训一般操作人员，具有一定的管理能力
高级技师	能够熟练运用基本技能和特殊技能在本职业的各个领域完成复杂的、非常规性的工作；熟练掌握本职业的关键操作技能技术，能够独立处理和解决高难度的技术或工艺难题，在技术攻关、工艺革新和技术改革方面有创新，能组织开展技术改造、技术革新和进行专业技术培训，具有管理能力

二、技能等级评价的开展背景

追溯职业技能鉴定的发展历程，了解国家有关职业资格改革政策等背景，研究期间发生的重大历史事件，有利于我们认识技能等级评价工作体系的起源和本质。

（一）职业技能鉴定的发展历程

1. 初创阶段：建立考工定级和考工晋级制度

我国职业技能鉴定工作初创阶段，从新中国建立开始到 60 年代末结束。建国初期，我国参照苏联经验，建立了社会主义的计划经济管理体系，实行了国家统包统配和工资统一计划管理的劳动就业制度。在此基础上，工人技术等级和工资等级实行全国统一的八级工制。当时，国民经济建设需要加强技术工人队伍的建设，如何开展职工专业培训和职业技术技能教育、提高劳动者的技术，是当时刚组建的劳动部门面临的主要任务。为此，1956 年，国务院颁发《关于工资改革的决定》。劳动部门在全国建立新型工资分配制度的同时，也在全国各行业和部门建立起一个涉及上万个工种的技术等级标准，以及一个与工资等级相适应的考工定级制度。考工定级和考工晋级制度为促进职工学习和钻研技术、调动职工生产劳动积极性发挥了重要作用。然而，受到当时高度集中的计划经济体制的影响，这个制度的许多具体做法带有相当的局限性，同时，这个制度的实施范围也主要限于国营和集体所有制企业的职工，未能扩展到全社会的劳动者。

2. 恢复阶段：建立工人技术等级制度

我国职业技能鉴定制度在 1978 年至 1987 年，经历了一个恢复阶段，曾经遭到冲击破坏的考工定级制度得到恢复和发展。随着国家经济发展速度不断提高，如何使职工队伍的技术技能水平适应生产发展和技术进步的需要，已成为保持经济持续增长的重要因素。在这种形势下，恢复技术等级考核制度的工作被提上日程，国家劳动总局在 1979 年组织全国各行业和部门对技术等级标准进行了全面修订。当时职工工资十年没有得到调整，为解决这个社会最关注的工资问题，调动广大职工的积极性，1983 年 4 月，劳动人事部门颁发了《工人技术等级考核暂行条例（试行）》，中断了多年的工人晋级制度得到全面恢复，工人技术等级考核工作重新得到贯彻落实。1985 年 5 月，中共中央通过了《关于教育体制改革的决定》，明确提出要在全党和全社会进行教育，树立"劳动就业必须有一定的政治文化和技能准备"的观念，实行"先培训，后就业"原则。《决定》确立了培训与就业的关系，明确了工人技术等级考核制度对促进教育培训事业和劳动就业工作发展的作用。

3. 调整阶段：建立职业资格等级制度

我国职业技能鉴定制度的发展从 1987~1993 年进入调整阶段。在这一阶段，我国技术技能型职工队伍建设开始加速，职业技能鉴定制度通过调整，从制度上、政策上和管理上都得到逐步地健全和完善。伴随经济的持续发展，劳动部门面临的一个重要任务，就是要加强工人技术培训，建设一支技术技能型职工队伍。为了适应当时形势发展的需要，1988 年到 1992 年，原劳动部组织国务院 45 个部委再次开展技术等级标准修订工作，将技术工人的八级技术等级制度调整为初、中、高级三级职业资格等级制度；1987 年，经国务院批准，劳动人事部颁布了《关于实行技师聘任制的暂行规定》，并于 1989 年在技师评聘试点的基础上进行了高级技师评聘试点工作，于 1990 年正式印发《关于高级技师评聘的实施意见》，又确立了技师、高级技师两级职业资格等级制度。此外，1990 年 6 月，经国务院批准，以劳动部令形式下达颁布实施《工人考核条例》，这是由国务院批准的最早的关于工人考核的行政法规。《工人考核条例》对考核种类、考核内容、考核方法、考核组织和管理、证书印制与核发，以及违反条例的罚则做了明确规定，明确提出了"国家实行工人考核制度""对工人的考核应当与使用相结合，并按照国家有关规定确定其工资待遇"，把工人考核首次纳入国家行政法规的管理制度中。

4. 转轨阶段：建立职业资格证书制度

从 1994 年党的十四届三中全会以后，我国职业技能鉴定制度发生了根本性转折，一个适应我国经济发展新形势需要的职业技能鉴定制度应运而生。党的十四届三中全会《中共中央关于建立社会主义市场经济体制若干问题的决定》中，首次提出"要制定各种职业的资格标准和录用标准，实行学历文凭和职业资格两种证书制度"的政策，这对我国社会就业观念和就业方式产生了重大的影响。根据这个政策精神，原劳动部在劳动就业工作上提出一个重大改革举措：全面推行国家职业资格证书制度。为落实这一改革举措，我国劳动就业工作推出了以下几个方面的重大政策和措施：

1993 年 7 月，原劳动部颁布《职业技能鉴定规定》，提出要建立和完善政府指导下的职业技能鉴定社会化管理体系。1994 年 3 月，原劳动部和人事部联合颁布了《职业资格证书规定》，进一步促进了工人考核工作向国家职业资格证书制度转轨。1995 年 6 月，原劳动部还颁发了《从事技术工种劳动者就业上岗前必须培训的规定》，确定了首批实行"先培训、后上岗"的 50 个工种，为逐步实现持证上岗和就业准入制度奠定了基础。

1995 年我国颁布了第一部《劳动法》，确立了职业分类、职业标准、资格证书以及职业考核鉴定机构的法律地位，从而将我国职业技能鉴定工作建立引入到法治的轨道。

1999 年劳动保障部有关部门颁布了《中华人民共和国职业分类大典》，系统地对职业进行了科学分类，建立了具有国家标准性质的职业分类大典。在此基础上，劳动保障部对原有的国家职业标准进行改造和调整，更新了原工人技术等级标准和职业技能鉴定规范，按照新的标准模式制定颁布了一批国家职业标准。

根据《劳动法》的有关规定以及有关政策，从 1994 年开始，在劳动保障部门建立了从中央到地方的三级职业技能鉴定机构，改变了计划经济条件下由企事业单位自行组织考试认证的方式，全面推行职业技能鉴定社会化管理模式，1996 年开始在全国建立了职业技能鉴定工作技师保障体系，主要是确立"统一鉴定所站条件、统一考评人员资格、统一命题管理、统一考务管理和统一证书核发办法"的五统一原则，加强了对职业技能鉴定质量的管理，提高了鉴定机构和鉴定人员的质量意识和业务水平。

至此，基本实现了我国职业技能鉴定体系从传统体制向新体制的转轨，在全国各行业普遍推行实施了职业技能鉴定，并逐步将实施范围覆盖到全社会所有劳动者。职业资格证书制度的不断发展完善，对提高专业技术人员和技能人员素质、加强人才队伍建设发挥了积极作用。

（二）职业技能等级认定制度的形成

随着经济社会的发展，国家统筹开展的职业技能鉴定已不能满足企业需求，我国人才评价机制仍存在分类评价不足、评价标准单一、评价手段趋同、评价社会化程度不高、用人主体自主权落实不够等突出问题，亟须通过深化改革加以解决。2019 年 12 月，国务院常务会议决定，分步取消水平评价类技能人员职业资格，推行社会化职业技能等级认定，将技能人员水平评价由政府认定转变为实行社会化等级认定。在国家大力实施"放、管、服"的大背景下，人社部贯彻落实国务院常务会议精神，进一步简政放权，深入推进技能人才评价改革，按照"先立后破、一进一退"的原则分批取消水平评价类职业资格，放权企业开展职业技能等级认定。2020年底，技能人员水平评价类职业资格已全部退出国家职业资格目录，转化为职业技能等级认定。

近两年来，国家和地方陆续出台《职业技能等级认定工作规程（试行）》《技能人才评价质量督导工作规程（试行）》《企业职业技能等级认定备案工作流程（试行）》《企业技能人才自主评价工作规则》等规范性文件，为指导企业自主开展评价提供了目标引领和规范性指引，企业自主技能等级认定制度初步形成。

 巩固与提升

1. 技能等级评价的基本概念是什么？
2. 技能等级评价分为几个等级？每个等级对应的能力素质要求有哪些？
3. 简述职业技能鉴定的发展历程。
4. 简述技能等级评价的开展背景。

第二节　国家有关职业资格改革政策

全面深化人才评价机制改革，根本目的就是要从创新评价理念、评价标准、评价方式、评价制度等方面综合施策，推动政府职能转变，形成适应经济社会发展和技能人才发展需要的评价制度，发挥好人才评价"指挥棒"的指引作用，把那些具有真才实学、能干勤干、贡献突出的人才准确评价出来，配置到最合适的工作岗位，为经济社会发展作出最大贡献。

支持企业自主开展评价，推进人才评价主体多元化，意味着赋予用人单位以选人用人自主权，充分发挥其在人才评价中的主导作用。在全面深化改革的大背景下，赋予用人单位自主权，实际上就是要抓好"放管服"结合，合理界定政府与市场、政府与社会之间的权力边界，坚持"谁使用、谁评价"和"谁懂行、谁评价"的原则，杜绝外行评价内行，充分发挥政府、市场、专业组织、用人单位等多元评价主体作用。

一、企业自主技能等级评价政策的提出

近年来，国家陆续出台相关政策文件（见图1-1），逐步深化人才评价机制改革，提出

大力支持企业自主开展技能等级评价。主要文件精神如下：

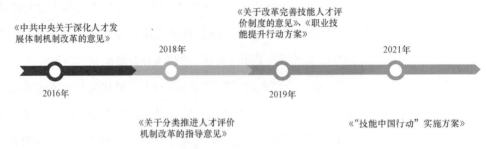

图1-1 国家陆续出台人才评价机制改革有关文件

（一）《中共中央关于深化人才发展体制机制改革的意见》（中发〔2016〕9号）

对于人才发展体制机制改革作出了重要指示，着眼于破除束缚人才发展的思想观念和体制机制障碍，解放和增强人才活力，形成具有国际竞争力的人才制度优势，聚天下英才而用之，明确深化改革的指导思想、基本原则和主要目标，从管理体制、工作机制和组织领导等方面提出改革措施，是当前和今后一个时期全国人才工作的重要指导性文件。

《意见》明确了改革的指导思想，以邓小平理论、"三个代表"重要思想、科学发展观为指导，高举中国特色社会主义伟大旗帜，全面贯彻党的十八大和十八届三中、四中、五中全会精神，深入贯彻习近平总书记系列重要讲话精神，坚持聚天下英才而用之，牢固树立科学人才观，深入实施人才优先发展战略，遵循社会主义市场经济规律和人才成长规律，破除束缚人才发展的思想观念和体制机制障碍，解放和增强人才活力，构建科学规范、开放包容、运行高效的人才发展治理体系，形成具有国际竞争力的人才制度优势。

《意见》提出了改革的主要目标，通过深化改革，到2020年，在人才发展体制机制的重要领域和关键环节上取得突破性进展，人才管理体制更加科学高效，人才评价、流动、激励机制更加完善，全社会识才爱才敬才用才氛围更加浓厚，形成与社会主义市场经济体制相适应、人人皆可成才、人人尽展其才的政策法律体系和社会环境。

《意见》确立了改革的基本原则，"坚持党管人才，服务发展大局，突出市场导向，体现分类施策，扩大人才开放"是人才发展体制机制改革的基本原则。要加快转变政府人才管理职能，保障和落实用人主体自主权，提高人才横向和纵向流动性，健全人才评价、流动、激励机制，最大限度激发和释放人才创新创造创业活力，使人才各尽其能、各展其长、各得其所，让人才价值得到充分尊重和实现。

《意见》强调，加快推进职业资格评价市场化、社会化，推进人才管理体制改革，转变政府人才管理职能，推动人才管理部门简政放权，消除对用人主体的过度干预。按照精简、合并、取消、下放要求，深入推进人才评价改革。创新人才评价机制，突出品德、能力和业绩评价，坚持德才兼备，注重凭能力、实绩和贡献评价人才，克服唯学历、唯职称、唯论文等倾向。改进人才评价考核方式，发挥政府、市场、专业组织、用人单位等多元评价主体作用，加快建立科学化、社会化、市场化的人才评价制度，推进水平类职业资格评价市场化、社会化。

（二）《中共中央办公厅国务院办公厅印发〈关于分类推进人才评价机制改革的指导意见〉的通知》（中办发〔2018〕6号）

明确指出"建立科学的人才分类评价机制，对于树立正确用人导向、激励引导人才职业发展、调动人才创新创业积极性、加快建设人才强国具有重要作用"。

《指导意见》的总体要求明确提出，要落实新发展理念，围绕实施人才强国战略和创新驱动发展战略，以科学分类为基础，以激发人才创新创业活力为目的，加快形成导向明确、精准科学、规范有序、竞争择优的科学化、社会化、市场化人才评价机制，建立与中国特色社会主义制度相适应的人才评价制度，努力形成人人渴望成才、人人努力成才、人人皆可成才、人人尽展其才的良好局面，使优秀人才脱颖而出。

《指导意见》的基本原则确立为，要坚持党管人才原则，坚持服务发展，坚持科学公正，坚持改革创新。围绕用好用活人才，着力破除思想障碍和制度藩篱，加快转变政府职能，保障落实用人主体自主权，发挥政府、市场、专业组织、用人单位等多元评价主体作用，营造有利于人才成长和发挥作用的评价制度环境。

《指导意见》提出，实行分类评价，以职业属性和岗位要求为基础，健全科学的人才分类评价体系。根据不同职业、不同岗位、不同层次人才特点和职责，坚持共通性与特殊性、水平业绩与发展潜力、定性与定量评价相结合，分类建立健全涵盖品德、知识、能力、业绩和贡献等要素，科学合理、各有侧重的人才评价标准。加快新兴职业领域人才评价标准开发工作。建立评价标准动态更新调整机制。

《指导意见》强调，坚持凭能力、实绩、贡献评价人才，克服唯学历、唯资历、唯论文等倾向，注重考察各类人才的专业性、创新性和履责绩效、创新成果、实际贡献。着力解决评价标准"一刀切"问题，合理设置和使用论文、专著、影响因子等评价指标，实行差别化评价。

《指导意见》明确，改进和创新人才评价方式，按照社会和业内认可的要求，建立以同行评价为基础的业内评价机制，注重引入市场评价和社会评价，发挥多元评价主体作用。保障和落实用人单位自主权，尊重用人单位主导作用，支持用人单位结合自身功能定位和发展方向评价人才，促进人才评价与培养、使用、激励等相衔接。合理界定和下放人才评价权限，推动具备条件的高校、科研院所、医院、文化机构、大型企业、国家实验室、新型研发机构及其他人才智力密集单位自主开展评价聘用（任）工作。发挥市场、社会等多元评价主体作用，积极培育发展各类人才评价社会组织和专业机构，逐步有序承接政府转移的人才评价职能。

（三）《人力资源和社会保障部关于改革完善技能人才评价制度的意见》（人社部发〔2019〕90号）

《意见》明确，健全完善技能人才评价体系，形成科学化、社会化、多元化的技能人才评价机制；坚持深化改革、多元评价、科学公正、以用为本；发挥政府、用人单位、社会组织等多元主体作用，建立健全以职业资格评价、职业技能等级认定和专项职业能力考核等为主要内容的技能人才评价制度，形成有利于技能人才成长和发挥作用的制度环境，促进优秀技能人才脱颖而出。

《意见》要求，深化技能人员职业资格制度改革，完善职业资格目录。对准入类职业资格，继续保留在目录内。对关系公共利益或涉及国家安全、公共安全、人身健康、生命财产安全的水平评价类职业资格，要依法依规转为准入类职业资格。对与国家安全、公共安全、人身健康、生命财产安全关系不密切的水平评价类职业资格，要逐步调整退出目录，对其中社会通用性强、专业性强、技术技能要求高的职业（工种），可根据经济社会发展需要，实行职业技能等级认定。

《意见》提出，建立并推行职业技能等级制度，由用人单位和社会培训评价组织按照有关规定开展职业技能等级认定。符合条件的用人单位可结合实际面向本单位职工自主开展，符合条件的用人单位按规定面向本单位以外人员提供职业技能等级认定服务。符合条件的社会培训评价组织可根据市场和就业需要，面向全体劳动者开展。

《意见》指出，要完善评价内容和方式，突出品德、能力和业绩评价，按规定综合运用理论知识考试、技能操作考核、业绩评审、竞赛选拔、企校合作等多种鉴定考评方式，提高评价的针对性和有效性。

《意见》强调，建立技能人才评价工作目录管理制度并实行动态调整。规范证书发放管理，职业技能等级证书由用人单位和社会培训评价组织颁发。

《意见》要求，加快政府职能转变，进一步明确政府、市场、用人单位、社会组织等在人才评价中的职能定位，建立权责清晰、管理科学、协调高效的人才评价管理体制。改进政府人才评价宏观管理、政策法规制定、公共服务、监督保障等工作。鼓励支持社会组织、市场机构以及企业、院校等作为社会培训评价组织，提供技能评价服务。

（四）《国务院办公厅关于印发职业技能提升行动方案（2019—2021年）的通知》（国办发〔2019〕24号）

通知提出，贯彻落实党中央、国务院决策部署，实施职业技能提升行动，完善技能人才职业资格评价、职业技能等级认定、专项职业能力考核等多元化评价方式，动态调整职业资格目录，动态发布新职业信息，加快国家职业标准制定修订。建立职业技能等级认定制度，为劳动者提供便利的培训与评价服务。支持企业按规定自主开展职工职业技能等级评价工作，鼓励企业设立首席技师、特级技师等，提升技能人才职业发展空间。

（五）人力资源和社会保障部印发《"技能中国行动"实施方案》（人社部发〔2021〕48号）

从健全完善政策制度体系，实施"技能提升""技能强企""技能激励""技能合作"行动计划等方面部署了20条主要任务。明确了"十四五"时期推动技能人才工作的目标任务、基本原则、工作举措和保障措施。

"技能提升"行动：重点是持续实施职业技能提升行动，大力发展技工教育，实施国家乡村振兴重点帮扶地区职业技能提升工程，支持技能人才创业创新。

"技能强企"行动：重点是全面推行"招工即招生、入企即入校、企校双师联合培养"为主要内容的中国特色企业新型学徒制，健全产教融合、校企合作机制，大规模开展岗位练兵技能比武活动，支持企业自主开展技能等级认定，支持企业结合生产经营特点和实际需要，自主确定评价职业（工种）范围，自主设置职业技能岗位等级，自主开发制定评价标准规范，自主运用评价方法，自主开展技能人才评价。

"技能激励"行动：重点是加大高技能人才表彰奖励力度，提升技能人才待遇水平和社会地位，健全技能人才职业发展通道，大力弘扬劳模精神、劳动精神、工匠精神。拓展技能人才职业技能等级设置，支持和引导企业增加职业技能等级层次，探索设立首席技师、特级技师等岗位职务。建立技能人才与管理人才、专业技术人才职业转换通道。建立职业资格、职业技能等级与专业技术职务比照认定制度，加强高技能人才与专业技术人才职业发展贯通。

"技能合作"行动：重点是做好世界技能大赛等国际赛事的参赛和办赛工作，加强技能领域国际交流合作，促进职业资格证书国际互认。研究制定境外职业资格境内活动管理暂行办法，规范在我国境内开展的境外各类职业资格相关活动。根据技能人才队伍建设需要，结合实际制定职业资格证书国际互认管理办法。支持境外职业资格证书人员按规定参加职业资格评价或职业技能等级认定，促进技能人才流动。

二、水平评价类职业资格的退出

国家不断深化职业资格改革，分步取消水平评价类技能人员职业资格，全面推行社会化职业技能等级认定，对解决职业资格过多过滥、降低就业创业门槛、激发市场主体创造活力等发挥了积极作用。2014 年至 2016 年，国务院先后分七批取消 434 项职业资格，占设置职业资格总数的 70% 以上，截至 2020 年底，水平评价类职业资格已全部退出国家职业资格目录。详见图 1-2。

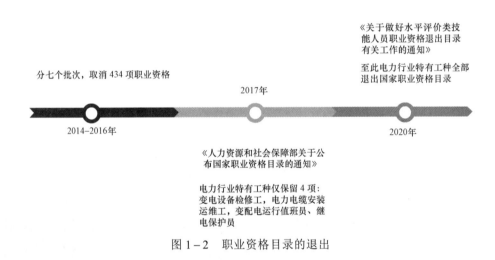

图 1-2　职业资格目录的退出

推动水平评价类技能人员职业资格退出国家职业目录，全面推行职业技能等级认定，不是取消相应职业和职业标准，更不是取消技能人才评价，而是由资格评价转变为技能等级认定，改变了评价发证主体和管理服务方式，实行"谁用人、谁评价、谁发证、谁负责"，政府主要做好开发职业标准等公共服务，对评价主体进行监管和服务工作，具体评价由用人单位或第三方评价机构实施。目前，国家技能人才评价体系主要包括职业资格评价（针对准入类职业，由国家统一组织开展）、职业技能等级认定（针对水平评价类职业，由企业或社会评价组织开展）、专项职业能力考核（可就业创业的最小技能单元，由各地人社部门统一组织开展）。

（一）《人力资源和社会保障部关于公布国家职业资格目录的通知》（人社部发〔2017〕68号）

《通知》中明确提出，准入类职业资格，其所涉职业（工种）必须关系公共利益或涉及国家安全、公共安全、人身健康、生命财产安全，且必须有法律法规或国务院决定作为依据，如消防设施操作员、焊工等均属准入类职业（工种）；水平评价类职业资格，其所涉职业（工种）应具有较强的专业性和社会通用性，技术技能要求较高，对于行业管理和人才队伍建设确实需要，如电力企业特有工种均属水平评价类职业（工种）。截至本通知发布之日2017年9月12日，电力行业特有工种仅保留了变电设备检修工、电力电缆安装运维工、变配电运行值班员、继电保护员4个工种，其他均已退出国家职业资格目录。

《通知》指出，建立国家职业资格目录是转变政府职能、深化行政审批制度和人才发展体制机制改革的重要内容，建立公开、科学、规范的职业资格目录，有利于明确政府管理的职业资格范围，解决职业资格过多过滥问题，降低就业创业门槛；有利于进一步清理违规考试、鉴定、培训、发证等活动，减轻人才负担，对于提高职业资格设置管理的科学化、规范化水平，持续激发市场主体创造活力，推进供给侧结构性改革具有重要意义。

《通知》明确，职业资格的设置、取消及纳入、退出目录，须由人力资源和社会保障部会同国务院有关部门组织专家进行评估论证、新设职业资格应当遵守《国务院关于严格控制新设行政许可的通知》（国发〔2013〕39号）规定并广泛听取社会意见后，按程序报经国务院批准。人力资源和社会保障部门要加强监督管理，各地区、各部门未经批准不得在目录之外自行设置国家职业资格，严禁在目录之外开展职业资格许可和认定工作。

《通知》强调，国家按照规定的条件和程序将职业资格纳入国家职业资格目录，实行清单式管理，目录之外一律不得许可和认定职业资格，目录之内除准入类职业资格外一律不得与就业创业挂钩；目录接受社会监督，保持相对稳定，实行动态调整。行业协会、学会等社会组织和企事业单位依据市场需要自行开展能力水平评价活动，不得变相开展资格资质许可和认定，证书不得使用"中华人民共和国""中国""中华""国家""全国""职业资格"或"人员资格"等字样和国徽标志。对资格资质持有人因不具备应有职业水平导致重大过失的，负责许可认定的单位也要承担相应责任。

（二）《人力资源和社会保障部办公厅关于做好水平评价类技能人员职业资格退出目录有关工作的通知》（人社厅发〔2020〕80号）

《通知》明确，将技能人员水平评价由政府认定改为实行社会化等级认定，接受市场和社会认可与检验，这是推动政府职能转变、形成以市场为导向的技能人才培养使用机制的一场革命，有利于破除对技能人才成长和弘扬工匠精神的制约，促进产业升级和高质量发展。各级人力资源和社会保障部门和有关部门、行业组织要从加强技能人才培养、使用、评价、激励工作大局出发，稳妥有序推进技能人才评价制度改革，将水平评价类技能人员职业资格分批有序退出目录，不再由政府或其授权的单位认定发证，转为社会化等级认定，由用人单位和相关社会组织按照职业标准或评价规范开展职业技能等级认定、颁发职业技能等级证书，支持服务技能人才队伍建设。

《通知》要求，要认真总结职业技能等级认定试点工作，大力推行职业技能等级认定。要推动各类企业等用人单位全面开展技能人才自主评价，遴选发布社会培训评价组织并指导其按规定开展职业技能等级认定，颁发职业技能等级证书，支持劳动者实现技能提升。

《通知》对水平评价类技能人员职业资格退出目录做了具体安排，分别于 2020 年 9 月 30 日、12 月 31 日分两批退出，电力行业 2017 年 9 月保留的 4 个工种安排于第二批退出，至此电力行业特有工种全部退出国家职业资格目录。与公共安全、人身健康等密切相关的职业（工种）依法调整为准入类职业资格（如消防员、安检员等）。

三、职业技能等级认定试点的开展

人力资源和社会保障部门分批组织开展企业自主评价试点工作，深入推进职业资格改革。国网公司第二批入围试点开展单位。试点开展过程情况见图 1-3。

图 1-3　国家职业技能等级认定试点开展

（一）《人力资源和社会保障部办公厅关于开展职业技能等级认定试点工作的通知》（人社厅发〔2018〕148 号）

依托企业等用人单位和第三方评价机构开展职业技能等级认定试点工作，并公布首批 18 家职业技能等级认定试点机构名单，详见表 1-2。

表 1－2　　　　　　　　　　　首批职业技能等级认定试点机构名单

中国国家铁路集团有限公司	中国船舶重工集团有限公司	中国建筑集团有限公司
中国核工业集团有限公司	中国兵器工业集团有限公司	中国中车集团有限公司
中国航天科技集团有限公司	中国兵器装备集团有限公司	中国铁路通信信号集团有限公司
中国航天科工集团有限公司	中国石油天然气集团有限公司	中国中铁股份有限公司
中国航空工业集团有限公司	中国石油化工集团有限公司	中国铁道建筑有限公司
中国船舶工业集团有限公司	中国海洋石油集团有限公司	中国交通建设集团有限公司

《通知》明确，试点职业（工种）范围为《中华人民共和国职业分类大典（2015 年版）》中收录的技能类职业（工种）和新职业，准入类职业资格不纳入试点范围。试点机构根据试点工作方案，组织实施职业技能等级认定，全过程接受人力资源和社会保障部门的质量督导。职业技能等级认定突出品德、能力和业绩评价，坚持职业能力考核和职业素养评价相结合，重点考察劳动者执行操作规程、解决生产问题和完成工作任务的能力，包括与岗位技能要求相关的基本理论知识、技术要求、法律法规以及安全生产规范和应急处置等技能，注重考核岗位工作绩效，强化生产服务成果、创新成果和实际贡献。

《通知》规定，对通过职业技能等级认定并经人力资源和社会保障部门鉴定中心审核的人员，由试点机构根据规定的证书参考样式和编码规则，制作并颁发职业技能等级证书（或电子证书），由职业技能鉴定中心全国联网查询系统对外公开认定结果。妥善保管原始文档，实现全程留痕、责任可追溯。

（二）《人力资源和社会保障部办公厅关于扩大企业职业技能等级认定试点工作的通知》（人社厅函〔2019〕83 号）

择优遴选基础较好的企业开展第二批职业技能等级认定试点工作，4 家入选试点单位分别是：国家电网有限公司、中国第一汽车集团有限公司、中国航空发动机集团有限公司、中国邮政集团有限公司。

（三）《人力资源和社会保障部办公厅关于支持企业大力开展技能人才评价工作的通知》（人社厅发〔2020〕104 号）

《通知》明确，按照党中央、国务院"放管服"改革要求，加快政府职能转变，充分发挥市场在资源配置中的决定性作用，激发市场主体活力，向用人主体放权，按照"谁用人、谁评价、谁发证、谁负责"的原则，支持各级各类企业自主开展技能人才评价工作，发放职业技能等级证书，推动建立以市场为导向、以企业等用人单位为主体、以职业技能等级认定为主要方式的技能人才评价制度。

《通知》提出，支持企业自主开展技能人才评价。一是企业自主确定评价范围；二是企业自主设置职业技能等级；三是依托企业开发评价标准规范；四是企业自主运用评价方法；五是积极开展职业技能竞赛评价。

《通知》提出，支持企业适应人才融合发展趋势，建立健全职业技能等级认定与专业技术职称评审贯通机制，搭建企业人才成长立交桥，贯通技能人才职业发展通道。同时提出，鼓励备案企业申请为社会培训评价组织，为其他中小企业和社会人员提供人才评价服务。支持企业为院校学生提供人才评价服务。

《通知》要求，人力资源和社会保障部门要按照属地原则，加强对本地区企业技能人才评价工作的指导服务和质量督导，建立信息互通、结果互认机制。企业按规定颁发的职业技能等级证书，纳入各级人力资源和社会保障部门建设的证书查询系统，向社会公开。人力资源和社会保障部门要将取得职业技能等级证书的人员纳入人才统计范围，并按规定落实相应人才政策。

（四）《关于进一步加强高技能人才与专业技术人才职业发展贯通的实施意见》（人社部发〔2020〕96号）

建立高技能人才与专业技术人才职业发展通道是提高技能人才待遇和地位的重要举措，是进一步巩固党的执政基础的重要举措。打通高技能人才与专业技术人才职业发展通道，加强创新型、应用型、技能型人才培养，适应技术技能人才融合发展趋势，以高技能人才为重点，打破专业技术职称评审与职业技能评价界限，促进两类人才融合发展。

《意见》提出，一要淡化学历要求，对两类人才贯通的职称系列，具备高级工以上职业资格或职业技能等级的技能人才，均可参加职称评审，不将学历、论文、外语、计算机等作为高技能人才参加职称评审的限制性条件。二要强化技能贡献，高技能人才参加职称评审突出职业能力和工作业绩，注重评价科技成果转化应用、执行操作规程、解决生产难题、参与技术改造革新、工艺改进、传技带徒等方面的能力和贡献。技能竞赛获奖情况、技术报告、经验总结、行业标准等创新性成果均可作为职称评审的重要内容。

四、职业技能等级认定相关管理制度

按照国务院"放管服"改革部署要求，人力资源和社会保障部在深化技能人员职业资格制度改革，总结企业技能等级认定试点工作的基础上，建立健全职业技能等级认定制度体系，出台系列配套文件（见图1－4），初步形成职业技能等级制度主体框架，对于有序指导用人单位和社会培训评价机构科学、规范、高质量开展职业技能等级认定具有重要意义。

图1－4　国家陆续出台职业技能等级认定配套管理制度

（一）关于印发《企业职业技能等级认定备案工作流程（试行）》的通知（人社鉴发〔2019〕3号）

明确申请评价机构的条件和流程等，指导做好评价机构征集遴选及备案等工作。中央企业实行"双备案"流程，即央企向人力资源和社会保障部申请备案，通过后各分支机构向省级人力资源和社会保障部门申请备案。人社部门统筹管理企业职业技能等级认定备案工作，遵循"谁备案、谁监管、谁负责"的工作原则，对备案企业进行监督管理。

（二）关于印发《职业技能等级认定工作规程（试行）》的通知（人社职司便函〔2020〕17号）

《规程》明确：职业技能等级认定，是指经人力资源和社会保障部门备案公布的用人单位和社会培训评价组织，按照国家职业技能标准或评价规范对劳动者的职业技能水平进行考核评价的活动，是技能人才评价的重要方式。

《规程》提出，建立与国家职业资格制度相衔接、与终身职业技能培训制度相适应的职业技能等级制度。根据国务院"放管服"改革要求，水平评价类技能人员职业资格全部转为职业技能等级认定。

《规程》对于职业技能等级认定的范围和依据、用人单位和社会培训评价组织的遴选、职业技能等级认定的组织实施、服务和监管作出具体明确的规定，对于指导各评价机构有序开展实施评价做好制度规范与指引。

（三）人社部印发《技能人才评价质量督导工作规程（试行）》的通知（人社职司便函〔2020〕53号）

适用于职业资格评价、职业技能等级认定、专项职业能力考核机构组织实施的技能人才评价工作的监督、检查和指导。《规程》对于质量督导员的培养使用、质量督导活动的实施及处罚等作出明确规定。明确提出质量督导应当以提高技能人才评价质量为目标，坚持监督与指导并重，秉持公平公正原则。

（四）人社部印发《职业技能等级证书编码规则（试行）》和《职业技能等级证书参考样式》的通知（人社鉴发〔2019〕2号）、《关于进一步规范职业技能等级证书样式及有关工作的通知》（人社鉴发〔2021〕1号）

对于职业技能等级证书编码规则及其样式作了具体明确的规定（参见第七章技能等级评价证书备案及结果应用），对于指导用人单位和社会培训评价组织规范进行证书制作及核发具有重要作用。

五、山东省人社厅技能人才自主评价政策

山东省人力资源和社会保障厅贯彻落实国家有关职业资格改革，出台一系列配套政策及措施（见图1-5），深入推进企业自主技能等级评价的开展实施。

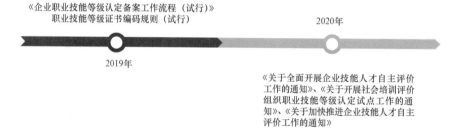

图1-5 山东省出台系列配套政策文件

山东省人力资源和社会保障厅，依据国家有关政策规定，深化"放管服"改革，推动技能人员水平评价由政府认定向社会化认定转变，大力支持企业开展技能人才自主评价工作，形成以市场为导向的技能人才评价机制，加快完善技能人才评价体系，构建"标准化、专业化、实体化"评价组织。先后出台《关于开展技能人才自主评价的实施意见》《关于印发企业技能人才自主评价考核工作规则的通知》《关于全面开展企业技能人才自主评价工作的通知》《关于开展社会培训评价组织职业技能等级认定试点工作的通知》等系列配套政策文件。提出"企业技能人才自主评价依据国家职业技能标准、行业企业工种岗位评价规范，根据企业生产和人力资源管理的需要，对在岗职工进行职业技能等级认定"，并进一步规范评价范围、条件、评价内容与方式、组织实施流程及质量管理等内容，着眼于健全完善企业技能人才培养、评价、使用、激励机制。以满足企业对技能人才的需要为目标，畅通技能人才成长

通道，坚持评价的科学性、规范性、适用性、精准性，注重国家标准与岗位要求相衔接、企业评价与社会认可相统一，坚持试点先行，在总结试点经验的基础上稳步推进企业自主评价工作。

为了加快推进全省企业技能人才自主评价，促进职业技能提升行动大规模开展，山东省人力资源和社会保障厅采取以下措施，促进企业自主技能等级评价稳步开展：一要科学制定自主评价工作规划；二要充分发挥县级人社部门作用，组织开展县域所在企业自主评价工作；三要发挥行业部门作用，支持行业部门组织发动本行业企业开展技能人才自主评价；四要多措并举提升企业自主评价能力，分期分批开展企业自主评价业务培训，解读评价政策、讲解评价组织实施流程，指导企业自主开发制定企业评价规范等；五要落实职业培训和鉴定补贴政策；六要建立企业自主评价调度通报制度。

 巩固与提升

1. 简述国家开展职业资格改革的主要目的。
2. 请列举三项国家有关职业技能等级认定的相关管理制度。

第三节 国家电网有限公司技能等级评价体系的建立

国网公司积极贯彻落实国家有关职业资格政策改革，认真研究探索电力企业自主评价办法，于 2018 年启动技能等级评价工作，在有序衔接原电力行业职业技能鉴定工作基础上，结合内部各专业需求及工作实际，定义了首批 52 个企业工种，并对应编制了评价规范（标准）、理论及实操题库，于 2019 年 5 月印发了《国家电网有限公司技能等级评价管理办法》及配套的四项实施细则，正式建立了企业技能等级自主评价工作体系。国网公司紧跟国家政策形势，及时依据国家职业标准要求修订申报条件、企业标准和题库，完善技能等级评价管理系统功能，有序推进评价结果备案及证书发放工作，进一步丰富和完善了技能等级评价工作体系，并统筹引领下属各单位有序开展评价实施，取得了良好成效。

一、技能等级评价体系的内涵

2019 年初，国网公司技能等级评价体系全面建立，为评价工作的高质量开展奠定了基础。主要包括制度体系、组织体系和资源体系三部分。

（一）制度体系

截至 2018 年底，国网公司陆续制定出台一系列有关技能等级评价办法及配套实施细则，为自主评价的顺利开展提供了有力的制度保障，简称"一办法、四细则"（见图 1-6）。

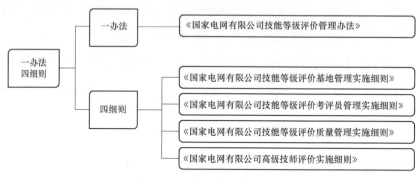

图 1-6 "一办法、四细则"

2021 年，根据国家有关政策变化，国网公司及时组织对以上制度进行了修订，在"一办法、四细则"的基础上，补充《国家电网有限公司技师及以下等级评价工作规范》，实现技能等级评价各等级制度体系更趋完善。

（二）组织体系

技能等级评价工作在国网公司人才工作领导小组领导下，分级管理实施，分为指导中心、评价中心、评价基地三级。国网公司设立指导中心，挂靠国网技术学院；各省公司级单位设立评价中心，挂靠本单位人力资源部门、所属培训机构或综合服务中心；指导中心、评价中心根据评价权限，综合考虑设备设施、人员配备和管理水平等因素，可择优设立评价基地（组织体系构成见图 1-7）。

（三）资源体系

资源体系主要包括评价工种、评价标准及题库、考评员、督导员、评价基地、信息系统（见图 1-8）。

评价工种：评价工种由国网公司根据《国家职业资格目录》及国家有关规定统一批准发布，实行动态管理。

评价标准及题库：职业技能评价标准是在职业分类的基础上，根据职业活动内容，对从业人员的理论知识和技能要求提出的综合性水平规定，它是开展职业技能等级评价的基本依

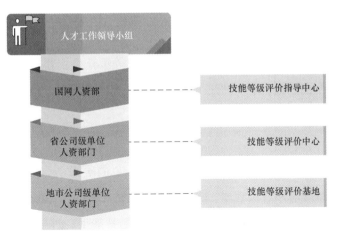

图 1-7 组织体系图（图的位置应该在组织体系内容下方）

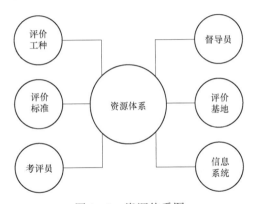

图 1-8 资源体系图

据。评价题库由国网公司统一组织开发，根据电网技术发展及业务变化定期修编。

考评员：是指在规定的工种、等级范围内，经培训考试合格，取得资格证书，并按照国网公司技能等级评价有关要求，从事技能等级评价考评工作的人员。

督导员：督导员是指导中心、评价中心或属地人社部门委派的质量督导人员，依据国家及公司技能等级评价有关要求，对评价工作各个环节实施监督和检查，对评价工作进行全过程质量督导。

评价基地：是指根据评价工作需要，在国网公司系统内设立的、能独立承担授权工种及相应等级评价工作的实施机构。

信息系统：技能等级评价信息系统技能等级评价系统依托国网学堂平台建立，旨在规范技能等级评价工作行为，提供统一的在线申报及管理平台。

二、技能等级评价的开展实施

2018 年底，国网公司下发《关于组织开展技能等级评价工作的通知》（国家电网人资〔2018〕1130 号），全面启动国网系统技能等级评价工作。

（一）工作思路

以习近平新时代中国特色社会主义思想为指导，全面落实"一六八"新时代发展战略，坚持顶层设计、统筹规划、分级管理、多元评价，有序衔接国家和行业职业技能鉴定工作，引导和培育精益求精的工匠精神，着力打造"知识型、技能型、创新型"电网产业工作队伍。

（二）工作目标

制定技能等级评价管理办法及相关实施细则；编制发布工种目录、标准和题库；上线运行管理信息系统；构建标准统一、制度健全、流程清晰、管理规范、覆盖全面的技能等级评价体系，并常态化开展评价工作。

（三）基本原则

1. 战略引领，服务发展

紧密围绕公司战略目标，把服务公司发展作为评价工作的出发点和落脚点，科学制定评价制度，优化完善评价标准，清晰设计评价流程，稳妥有序开展评价工作，有效衔接公司发展对职工能力素质要求。

2. 放管结合，分级评价

建立公司技能等级评价体系，统一评价工种目录、标准、题库和规则，鼓励各单位根据地域、专业和岗位差异，共建共享评价标准和题库。坚持谁使用、谁评价、谁认证，充分发挥用人单位主体作用，分层分级开展评价工作。

3. 机制创新，激发活力

突出品德、能力和业绩导向，建立多维度、多元化、多方式评价机制，客观评价职工能力素质。强化评价激励，多渠道联运，评价结果与薪酬激励、岗位晋升和评优评先等相挂钩，激发一线职工活力。

4. 统筹推进，有序衔接

以电网主营业务为重点，建立健全责任落实和配套保障机制，统筹进度安排，统一组织流程，分步稳妥实施。紧密衔接国家和行业职业技能鉴定工作，原已取得技能等级保留，证书继续有效，可在原等级基础上参加公司技能等级晋级评价。

（四）评价实施

1. 平稳过渡，有序衔接

2019 年底前，完成首轮过渡期评价。制定过渡期评价申报条件：累计从事本工种工作年限满 1、3、5、8、12 年，可对应申报初级工、中级工、高级工、技师和高级技师，由技能等级评价指导中心负责高级技师评价，各单位负责技师及以下技能等级评价。

2. 稳步实施，常态开展

2020 年 1 月 1 日后，深入评价实施，常态化开展各工种评价工作，以评促培，以培促学，持续提升技能人员素质，不断适应公司发展战略需要。

三、技能等级评价的备案调整

为落实人社部职业资格改革工作要求，实现由技能等级评价向职业技能等级认定的有序过渡，国网公司于 2020 年 8 月完成了在人社部的职业技能等级认定试点备案，备案后评价工种目录由原来的 52 个企业工种合并调整为 39 个《国家职业分类大典》职业（工种）。为确保备案后技能等级评价工作按照人社部管理要求规范推进，国网公司于 2021 年启动了技能等级评价管理办法及配套制度的修订工作，对申报条件、评价方式、评价流程等内容进行了相应调整，且新增了技师及以下评价工作规范。

（一）备案情况

根据国家人社部职业技能等级认定试点工作要求，国网公司积极汇报申请，于 2020 年 8 月份正式通过人社部职业技能等级认定试点工作备案。按照人社部职业技能等级认定央企"双备案"工作流程，国网公司下属各分支机构分别向所在省（自治区、直辖市）人力资源和社会保障部门（以下简称"省级人社部门"）申请备案，其中网山东省电力公司于 2020 年 11 月通过山东省人社厅职业技能等级认定试点工作备案。"双备案"工作的完成，标志着技能等级评价工作正式纳入人社部职业技能等级认定试点范围。技能等级评价证书经人社部门审核后上传国家职业技能等级证书查询网站，并纳入各级人社部门技能人才统计范围，可享受技能提升补贴等优惠政策，有效提升了评价证书在全社会、行业的认可度和权威性。

（二）备案后工作调整

1. 工种目录及评价标准

原国网公司技能等级评价 52 个工种合并调整为在国家人社部备案的《国家职业分类大典》（2015 版）内的 39 个职业（工种），并建立原工种与备案工种的对应关系，各工种等级设置存在差异性，信息通信网络运行管理员、网络安全管理员、变电设备检修工等工种无初级工，混凝土浇筑工等工种无技师、高级技师。

国网公司按照不低于相应工种国家职业标准的要求系统修订编制了各工种企业规范（标准），作为开展技能等级评价工作的依据。

2. 核准备案

新增"核准备案"规定：技能等级评价实行核准备案，各省公司级单位需向国网公司申请评价权限，经核准后，向省级人力资源和社会保障部门备案，核准备案有效期一般为 3 年，期满后需重新申请。

3. 评价类型

取消破格申报，简化申报条件，进一步明确技能等级评价类型为考核评价和直接认定两种，其中考核评价又包括晋级申报、同级转评、职称贯通三种申报方式。

4. 评价方式

取消职业素养评价，列表明确各等级评价方式、要点要求及通过条件，保证评价实施的统一性和规范性。

5. 评价流程

对原实施流程进行了调整，增加计划编制、数据上报环节，流程更顺畅，层次及职责分工更明确，更便于现场实际操作。

四、技能等级评价工作特点

从长远来看，将技能人员水平评价由社会化鉴定转变为企业自主评价、接受市场和社会认可和检验，这是推动政府职能转变、形成以市场为导向的技能人才培养使用机制的一场革命，有利于破除对技能人才和弘扬工匠精神的制约，促进产业升级和高质量发展，对加强技能人才队伍建设，推动终身职业技能培训制度，完善职业教育制度，建立更加符合市场经济体制需要的、政府与市场关系更科学的技能人才评价制度，真正发挥用人主体和社会组织作用具有重要意义。技能等级评价工作开展以来，充分展现了其开展的优势和必要性，与职业技能鉴定有序衔接，成效显著。

（一）技能等级评价开展优势

1. 工种划分更加精细

实行企业自主评价后，根据专业岗位业务实际，将备案的国家职业大典工种准确对应到企业具体的专业工种，例如，将变电站运行值班员工种细化为电力调度（主网）、电力调度（配网）、电网监控值班、变配电运行值班 4 个专业工种，专业划分更加细化，评价目标更加精准。

2. 评价项目更加实用

根据电网施工、生产、营销等各专业业务特点，在理论题库、实操考核上向现场一线作业倾斜，将高空作业、导线压接、绝缘子更换、电缆头制作等实操操作纳入技能等级实操项目评价，更加贴合现场实际。

3. 评价内容更加科学

根据评价等级的不同，设置专业知识考试、专业技能考核、潜在能力考核、工作业绩评定等评价环节，针对不同考评工种的业务特点，灵活采用机考、笔试、实操、情景模拟、仿真操作、面试答辩、业绩评审等多元化评价方式，对参评人员各维度能力水平进行全方位评价考核。在评价实施中，将技能等级评价项目的难易程度，与电网电压等级紧密结合，在 0.4～500kV 各电压等级的电网作业中，均由低到高、由易到难设置典型实操评价项目，实现技能等级与电压等级的创新融合。在评价流程设计上，将员工的工作业绩作为技能等级评价的资质审查条件，将安全应知应会考核作为参评"一票否决"项，严把技能等级评价入围关。

4. 结果应用更加广泛

将技能等级评价结果差异化应用于薪酬激励、岗位晋升、人才评选、职称评审、岗位任职资格评定等工作，并根据地方政府相关规定，申请就业、培训和技能提升等补贴，享受相关待遇。针对高级技师、技师等高技能人才，择优推荐参加技能工匠、技术能手等高技能人才评选与各类职业技能竞赛，承担人才培养任务，参与重要技术攻关、重点工程实践、重大技艺革新，发挥关键引领作用。各种激励措施的应用有效激发了员工参与技能等级评价的积极性。

（二）技能等级评价与职业技能鉴定的主要区别

根据有关政策，将技能等级评价与职业技能鉴定的主要区别分析总结如表 1－3：

表1－3－4 企业自主技能等级评价与职业技能鉴定的主要区别

主要区别	企业自主技能等级评价	职业技能鉴定
评价主体不同	评价主体为企业等用人单位或社会评价机构	评价主体为各级人力资源和社会保障部门或经人社部批准的行业协会
评价标准不同	评价标准采用的是企业等用人单位或社会评价机构基于国家职业标准开发的评价规范	鉴定标准采用的是人社部下发的国家职业标准
费用管理不同	评价费用由企业等用人单位或社会评价机构收费，从职业教育经费中列支，无须个人承担	由职工本人承担鉴定费用
证书管理不同	证书由企业等用人单位颁发，可实行电子化证书，向人社部门备案	人社部批准的职业技能鉴定机构发证，证书标有国徽标志，加盖人社部门章

 巩固与提升

1. 国网公司"一办法、四细则"指哪几个文件？

2. 国网公司制度体系主要包括哪些内容？

3. 国网公司组织体系主要包括哪些内容？

4. 国网公司资源体系主要包括哪些内容？

第二章

技能等级评价工作框架

本章主要介绍各级单位在技能等级评价工作中的职责分工，以及技能等级评价各等级的申报方式、申报条件及相关评价内容，让大家对技能等级评价工作整体框架具有更全面、更系统的认识，对于技能等级评价工作的开展和广大员工的申报有着重要的指导意义。本章主要包含职责分工、申报方式及条件、评价方式及内容三部分。

第一节　职　责　分　工

国网公司人才工作领导小组负责统筹指导技能等级评价工作，审定评价制度，决策重大事项。领导小组办公室设在国网人资部，负责评价管理工作。

一、国网人资部

国网人资部是国网公司评价工作的归口管理部门，主要职责如下：

1. 落实国家技能等级评价政策，构建技能等级评价体系，制定技能等级评价制度。

2. 定期向人力资源和社会保障部备案，核准各单位技能等级评价权限，动态管理备案分支机构目录。

3. 组织开展高级技师评价。

4. 指导、检查、考核各单位技能等级评价工作。

5. 建立评价职业（工种）目录、标准、题库以及技能等级评价管理信息系统。

6. 负责指导高级考评员、质量督导员认证及管理工作。

二、省公司人力资源部门

省公司人力资源部门是本省公司技能等级评价工作的归口管理部门，主要职责如下：

1. 落实国网公司及省级人社部门评价工作要求，构建本单位技能等级评价体系。

2. 定期向国网公司申请技能等级评价权限，并向省级人社部门备案。

3. 组织或授权技师及以下技能等级评价。

4. 指导、检查、考核所属单位评价工作。

5. 组织开展本单位评价题库、设备设施及评价队伍建设。

6. 负责指导中级考评员认证管理工作。

三、各级专业部门

各级专业部门是本专业评价工作的指导部门，主要职责如下：

1. 指导本专业评价职业（工种）目录、标准、题库编制修订工作。

2. 指导评价基地开展本专业设备设施建设。

3. 择优推荐本专业考评员。

四、地市公司人力资源部门

地市公司人力资源部门是本单位技能等级评价工作的归口管理部门，主要职责如下：

1. 组织本单位人员参加评价，应用评价结果。

2. 编制高级工及以下等级评价工作方案并组织落实。

3. 开展评价基地建设，支撑服务评价工作。

五、指导中心

指导中心是国网公司评价工作的业务管理机构，主要职责如下：

1. 落实国家和国网公司技能评价制度规定，协助制定技能等级评价制度。

2. 定期向人力资源社会保障部报送公司技能等级评价数据，管理职业技能等级证书。

3. 组织实施高级技师评价，受托开展技师及以下技能等级评价。

4. 动态管理评价职业（工种）目录、标准、题库，运维技能等级评价管理信息系统。

5. 协助检查各单位评价质量。

6. 组织实施高级考评员、质量督导员认证及管理工作。

六、评价中心

评价中心是本省公司技能等级评价工作的业务管理机构，主要职责如下：

1. 组织本单位高级技师申报，受托开展指定环节考核评价。

2. 组织实施本单位技师技能等级评价；指导监督地市公司级单位组织开展高级工及以下等级评价。

3. 具体负责中级考评员认证及管理工作。

4. 督导检查评价基地评价质量。

5. 向省级人社部门和指导中心报送评价数据。

七、评价基地

评价基地是评价工作的具体实施机构，主要职责如下：

1. 开展相应职业（工种）及等级评价工作。

2. 负责评价现场的安全管理。

3. 建设和维护评价设备设施。

4. 管理评价资料。

5. 使用、评价考评员。

各级单位技能等级评价工作职责分工如表2-1所示：

表2-1　　　　　　　　　　技能等级评价工作职责分工表

单位	职能定位	制度管理	权限设置（备案）	评价实施	资源建设	队伍建设
国网人资部	国家电网公司技能等级评价工作的归口管理部门	落实国家技能人才评价政策，组织构建评价体系，制定评价制度	定期向人力资源和社会保障部备案职业技能等级认定全国性用人单位，核准各单位技能等级评价权限，动态管理备案分支机构目录	组织开展高级技师评价；指导、检查、考核各单位评价工作	建立评价职业（工种）目录、标准、题库以及技能等级评价管理信息系统；组织新职业（工种）申报	负责指导高级考评员、质量督导员认证管理工作
省公司级人资部	本省公司技能等级评价工作的归口管理部门	落实国家电网公司及省级人社部门技能等级评价工作要求，构建本单位技能等级评价体系	定期向国家电网公司申请技能等级评价权限，并向省级人社部门备案职业技能等级认定全国性用人单位分支机构	组织或授权技师及以下技能等级评价；指导、检查、考核所属单位评价工作	组织开展本单位评价题库、设备设施及评价队伍建设	负责指导中级考评员认证管理工作
地市公司级人资部	本单位技能等级评价工作的归口管理部门	—	—	组织本单位人员参加评价，应用评价结果；受托组织开展技师及以下等级评价工作	开展评价基地建设，支撑服务评价工作	—
专业部门	本专业技能等级评价工作的指导部门	—	—	—	指导编制修订本专业评价职业（工种）目录、标准和题库；指导评价基地开展本专业设备设施建设	择优推荐本专业考评员

单位	职能定位	制度管理	权限设置（备案）	评价实施	资源建设	队伍建设
指导中心	国网公司技能等级评价工作的业务管理机构	落实国家和国网公司评价制度改革的工作部署，协助制定技能等级评价制度	—	具体实施高级技师评价；受托开展技师及以下评价；协助检查各单位评价质量，审核评价数据，定期向人力资源和社会保障部报送，管理职业技能等级证书。	动态管理评价职业（工种）目录、标准、题库，运维技能等级评价管理信息系统	负责开展高级考评员、质量督导员认证管理工作
评价中心	本省技能等级评价工作的业务管理机构	—	—	组织本单位高级技师申报，受托开展指定环节的评价实施工作；组织实施本单位技师及以下技能等级评价；向省级人社部门和指导中心报送评价数据	督导检查评价基地评价质量	具体负责中级考评员认证及管理工作
评价基地	评价工作的具体实施机构	—	—	受托开展相应工种及等级评价工作；负责评价现场的安全管理。管理评价档案	建设和维护评价设备设施	使用、评价考评员

第二节　申报方式及条件

技能等级评价类型分为考核评价和直接认定两种。考核评价是指对符合申报条件，且通过评价考试考核的职工，确认相应技能等级。直接认定是指对在职业技能竞赛中取得优异成绩的职工，免除评价考试考核要求，直接认定相应技能等级。技能等级评价坚持德才兼备、以德为先，科学分类评价技能人员的能力素质，突出对技能水平和实际贡献。所有参评人员应拥护党的路线方针政策，自觉践行公司核心价值观，具有良好的思想品德、职业道德和敬业精神；并熟悉本岗位理论和技术，熟知专业知识和技能；主要工作内容与申报等级相符，工作业绩良好；且近三年内无直接责任重大设备损坏、人身伤亡事故。具体申报条件如下：

一、考核评价

考核评价包括晋级申报、同级转评、职称贯通三种申报方式。

（一）晋级申报

晋级申报是指符合晋级申报条件，可申请参加高一等级的评价。学历、年限、现技能等级均需符合公司相关规定。

1. 初级工

具备以下条件之一者，可申报初级工：

（1）累计从事本职业（工种）或相关职业（工种）工作 1 年（含）以上。

（2）参加岗前培训，经考核合格的新入职人员。

2. 中级工

具备以下条件之一者，可申报中级工：

（1）取得本职业（工种）或相关职业（工种）初级工技能等级证书后，累计从事本职业（工种）或相关职业（工种）工作 4 年（含）以上。

（2）累计从事本职业（工种）或相关职业（工种）工作 6 年（含）以上。

（3）技工学校及以上本专业或相关专业毕业，从事本职业（工种）或相关职业（工种）工作 1 年（含）以上。

3. 高级工

具备以下条件之一者，可申报高级工：

（1）取得本职业（工种）或相关职业（工种）中级工技能等级证书后，累计从事本职业（工种）或相关职业（工种）工作 5 年（含）以上。

（2）大专及以上本专业或相关专业毕业，并取得本职业（工种）或相关职业（工种）中级工技能等级证书后，累计从事本职业（工种）或相关职业（工种）工作 2 年（含）以上。

4. 技师

具备以下条件之一者，可申报技师：

（1）取得本职业（工种）或相关职业（工种）高级工技能等级证书后，累计从事本职业（工种）或相关职业（工种）工作 4 年（含）以上。

（2）高级技工学校、技师学院及以上本专业或相关专业毕业，并取得本职业（工种）或相关职业（工种）高级工技能等级证书后，累计从事本职业（工种）或相关职业（工种）工作 3 年（含）以上。

5. 高级技师

取得本职业或相关职业（工种）技师技能等级证书后，累计从事本职业或相关职业（工种）工作 4 年（含）以上。

注：评价工种目录与各专业及相关工种、备案工种、岗位类别对应关系可参考附表 C-1。

（二）同级转评

同级转评是指持有技能等级证书，转至非相关职业（工种）岗位后，累计从事新岗位工作满 2 年，可申报转入岗位对应职业（工种）同等级别评价。

示例： 某员工自 2010 年参加工作后一直从事变电检修岗位工作，于 2016 年取得变电检修工高级工资格，同年转岗至电力营销装表接电岗位工作。那么其在累计从事电力营销装表接电工作满 2 年后，可以直接用变电检修工高级工申报装表接电工高级工。

（三）职称贯通

职称贯通是指符合条件的技术、技能类岗位人员凭借电力工程系列职称，可按规定申请参加本职业（工种）或相关职业（工种）技能等级评价。

（1）取得电力工程系列助理工程师职称，且累计从事现岗位相对应职业（工种）工作年限满 3 年（含）以上，可申报高级工。

（2）取得电力工程系列工程师职称，且累计从事现岗位相对应职业（工种）或相关职业（工种）工作满 6 年（含）以上，可申报技师。

（3）取得电力工程系列高级工程师职称，且累计从事本职业（工种）或相关职业（工种）工作满 10 年（含）以上，可申报高级技师。

示例： 某一线班组小李从事变电站工作 10 年，2012 年取得变电站值班员中级工，2019 年取得工程师资格，根据职称申报第 2 条，小李可以通过职称贯通直接申报变配电运行值班员技师。

二、直接认定

在职业技能竞赛中取得优异成绩的职工，可按规定晋升相应技能等级，申报人需履行申报和评审程序认定技能等级，但不参加相应考试或考核。具体条件如下：

（1）国家一类职业技能大赛。对获各职业（工种）决赛前 5 名的选手，按相关规定晋升技师，已具有技师等级的，可晋升高级技师。对获各职业（工种）决赛第 6～20 名的选手，按相关规定晋升高级工，已具有高级工等级的，可晋升技师。

（2）国家二类职业技能竞赛或国网公司级技能竞赛。对获各职业（工种）决赛前 3 名的选手，按相关规定晋升技师，已具有技师等级的，可晋升高级技师。对获各职业（工种）决赛第 4-15 名的选手，按相关规定晋升高级工，已具有高级工等级的，可晋升技师。

示例：员工小张已取得高级工资格证书，2020 年获得国网公司用电监察技能竞赛个人第 3 名，则可以通过竞赛调考直接认定技师，本人不需再参加技师评价的理论考试和技能考核等环节，但是需要提交技师申报表，并提供直接认定所需要的佐证材料。

（3）省级人社部门主办的职业技能竞赛，对获奖选手按竞赛奖励相关规定晋升技能等级。

注：山东省电力行业职业技能竞赛一般列为省级二类职业技能大赛，根据《山东省人力资源和社会保障厅关于组织开展 2021 年山东省"技能兴鲁"职业技能大赛的通知》（鲁人社函〔2021〕48 号），获得省级二类技能竞赛各职业（工种）决赛前 6 名的职工（教师）选手，可晋升二级/技师职业技能等级，已具有二级/技师职业技能等级的，可晋升一级/高级技师职业技能等级。其他成绩合格的职工（教师）选手，可晋升为三级/高级工职业技能等级。

（4）省公司级技能竞赛。对获各职业（工种）决赛前 3 名的选手，按相关规定晋升高级工，已具有高级工等级的，可晋升技师。对获各职业（工种）决赛第 4～15 名的选手，按相关规定晋升中级工，已具有中级工等级的，可晋升高级工。

技能等级评价各等级申报方式及条件如表 2-2 所示：

表 2-2　　　　　　　　技能等级评价各等级申报方式及条件

申报等级	考核评价			直接认定
	晋级申报（具备以下条件之一）	同级转评	职称贯通	
初级工	1. 累计从事本职业（工种）或相关职业（工种）≥1 年； 2. 新入职员工参加岗前培训，并经考核合格	申报新岗位对应工种评价，应参加与现资格同等级评价，且累计从事新岗位工作≥2 年		
中级工	1. 取得初级工证书后，累计从事本职业（工种）或相关职业（工种）≥4 年； 2. 累计从事本职业（工种）或相关职业（工种）工作≥6 年； 3. 技工学校及以上本专业或相关专业毕业，从事本职业（工种）或相关职业（工种）≥1 年			省公司级技能竞赛决赛 4～15 名选手，可直接晋升中级工，已具有中级工的，可直接晋升高级工。
高级工	1. 取得中级工证书后，累计从事本职业（工种）或相关职业（工种）≥5 年； 2. 大专及以上本专业或相关专业毕业，并取得中级工证书后，累计从事本职业（工种）或相关职业（工种）≥2 年		取得电力工程系列助理工程师，且累计本工种工作≥3 年	1. 国家一类职业技能竞赛决赛前 6～20 名的选手； 2. 国家二类职业技能竞赛或国网公司技能竞赛决赛前 4～15 名的选手； 3. 以上选手已具有高级工等级的，可直接晋升技师

申报等级	考核评价			直接认定
	晋级申报（具备以下条件之一）	同级转评	职称贯通	
技师	1. 取得高级工证书后，累计从事本职业（工种）或相关职业（工种）≥4年； 2. 高级技工学校、技师学院及以上本专业或相关专业毕业，并取得高级工证书后，累计从事本职业（工种）或相关职业（工种）≥3年	申报新岗位对应工种评价，应参加与现资格同等级评价，且累计从事新岗位工作≥2年	取得电力工程系列工程师资格，且累计本工种工作≥6年	1. 国家一类职业技能竞赛决赛前5名选手； 2. 国家二类职业技能竞赛或国网公司技能竞赛决赛前3名选手； 3. 省级人社部门按技能竞赛奖励规定晋升技师； 4. 省公司级技能竞赛决赛前3名选手
高级技师	取得技师证书后，累计从事本职业或相关职业（工种）≥4年		取得电力工程系列高级工程师资格，且累计本工种工作≥10年	1. 国家一类职业技能竞赛前5名选手、国家二类职业技能竞赛或国网公司技能竞赛决赛前3名选手，已具有技师的可直接晋升高级技师； 2. 省级人社部门按技能竞赛奖励规定晋升高级技师

第三节　评价方式及内容

技能等级评价方式主要包括工作业绩评定、专业知识考试、专业技能考核、潜在能力考核和综合评审等5类，评价级别不同，所采用的评价方式也不同。高级技师、技师评价应采用工作业绩评定、专业知识考试、专业技能考核、潜在能力考核、综合评审等方式；高级工原则上应采用工作业绩评定、专业知识考试、专业技能考核等方式，初、中级工应采用专业知识考试和专业技能考核等方式。各评价方式具体评价内容及要点要求如下：

一、工作业绩评定

工作业绩评定采用专家评议，重点评定工作绩效、创新成果和实际贡献等工作业绩。

（1）主要对其安全生产情况、取得的工作成就及工作态度等进行评定。

（2）由申报人所在单位人力资源部门牵头组织专业部门成立工作业绩评定小组，重点评定申报人业绩情况，评定应突出实际贡献，满分100分。

（3）业绩评定小组签署意见，人力资源部门审核后签署意见并盖章。

二、专业知识考试

（1）采用机考或笔试，重点考查基础知识、相关知识以及新标准、新技术、新技能、新工艺等理论知识。

（2）专业知识考试可以从本工种题库中抽取，也可增加专家现场命题，满分100分。试题来源包括国网公司统一编制的技能等级评价题库（以下简称"公司题库"）、各单位根据地域、专业和岗位差异自行编制的补充题库（以下简称"补充题库"）以及专家现场封闭命题，其中公司题库试题分值原则上不少于总分数的60%。每个职业（工种）每个等级命题专家不少于2人，命题专家应在本专业领域具备一定的权威性。

（3）考核时限及题量：高级工及以下评价考核时限不少于90min，题量不少于150道，可全部从国网公司题库及省公司补充题库中抽取，也可加入专家现场命题；技师及以上评价考核时限不少于90min，题量不少于200道，从国网公司题库中抽取的题目总分值不少于60分，专家现场命题的题目总分值不少于10分。

（4）专业知识考试采用闭卷考试，60分及以上方可参加专业技能考核。监考人员与考生配比不低于1:15，且每个考场不少于2名监考人员。

三、专业技能考核

（1）采用实操方式进行考核，重点考核执行操作规程、解决生产问题和完成工作任务的实际能力。

（2）专业技能考核应在具有相应实训设备、仿真设备的实习场所或生产现场进行。满分100分。

（3）对于不具备实操条件的工种或实操项目，可在征得相关部门同意的前提下，采取编制作业指导书、检修方案、安全措施票等技术文档的形式进行协调考核。也可利用实际现场工作进行考核。

（4）专业技能考核从国网公司题库和省公司补充题库中随机抽取1至3个考核项目，考评员依据评分记录表进行独立打分，取平均分作为考生成绩。对于设置多个考核项目的，每个考核项目均应达到60分及以上。

（5）考核时限：初、中级工不低于60min，高级工不低于90min，技师、高级技师不低于120min。

（6）考评员应为3人及以上单数，考核小组组长签署考核意见，连同考核成绩记入专业技能考核统分记录表，相关单位审核无误后盖章上报。

四、潜在能力考核

（1）包括专业技术总结评分和现场答辩两部分内容，重点考核创新创造、技术革新以及解决工艺难题的潜在能力。

（2）专业技术总结为申报人撰写能反映本人实际工作情况和专业技能水平的技术总结。技术总结内容包括主持或主要参与解决的生产技术难题、技术革新或合理化建议取得的成果，传授技艺和提高经济效益等方面取得的成绩，参加技师评价专业技术总结字数不少于2000字，参加高级技师评价专业技术总结字数不少于3000字。

（3）考评小组根据评分标准对申报人的专业技术总结作出评价，满分30分。

（4）考评小组对申报人进行潜在能力面试答辩，满分70分。

（5）潜在能力考核满分100分，各考评员独立打分，连同考核小组意见记入统分记录表，取平均分作为考生成绩。

五、综合评审

（1）工作业绩评定、专业知识考试、专业技能考核、潜在能力考核的各项评价成绩均在60分及以上且加权总成绩75分及以上者方可进入综合评审。

（2）综合评审。采用专家评议，综合评审技能水平和业务能力。

（3）成立各工种综合评审委员会，采取不记名投票表决方式进行。综合评审组人数不少于5人，其中包含组长1名，三分之二及以上评委同意视为通过评审。评委应具有高级技师技能等级或副高级及以上职称。

技能等级评价各等级评价方式及内容要求一览表如表2-3所示：

表2-3　　　　　　　　技能等级评价各等级评价方式及内容要求一览表

评价方式	评 价 要 点	初级工	中级工	高级工	技师	高级技师	通过条件
专业知识考试（100分）	1. 评价要点：采用机考或笔试，重点考查基础知识、相关知识以及新标准、新技术、新技能、新工艺等理论知识。 2. 命题策略：考试组卷应实现知识点全覆盖，题量及难度严格按照评价标准执行，公司题库占比不低于60%，时长不少于90min。 3. 监考人员：专业知识考试监考人员与考生配比为1:15，每个标准教室不少于2名监考人员	60%	50%	40%	30%	20%	各项成绩达60分，且总成绩达75分
专业技能考核（100分）	1. 评价要点：依据评价标准，重点考核执行操作规程、解决生产问题和完成工作任务的实际能力。 2. 命题策略：考核项目从国网公司题库或省公司补充题库随机抽取1～3项，时长不少于60min。 3. 评委组成：各单位成立考评小组，每职业（工种）不少于3人（含组长1名），应具有相应考评员资格	40%	50%	50%	50%	60%	
工作业绩评定（100分）	1. 评价要点：采用专家评议，重点评定工作绩效、创新成果和实际贡献等工作业绩。 2. 评委组成：申报职工所在单位人力资源部门牵头组织各专业部门成立工作业绩评定小组，评定小组人数不少于3人（含组长1名）	无	无	10%	10%	10%	

续表

评价方式	评　价　要　点	初级工	中级工	高级工	技师	高级技师	通过条件
潜在能力考核（100 分）	1. 评价要点：采用专业技术总结评分和现场答辩，重点考核创新创造、技术革新以及解决工艺难题的潜在能力。 2. 评委组成：各单位成立考评小组，每职业（工种）不少于 3 人（含组长 1 名），须具有相应考评员资格	无	无	无	10%	10%	
综合评审	1.评价要点：采用专家评议等，综合评审技能水平和业务能力。 2. 评委组成：各单位牵头成立综合评审组，每专业不少于 5 人（含组长 1 名），应具有高级技师技能等级或副高级及以上职称	无	无	无	必选	必选	以无记名投票方式表决，三分之二及以上评委同意视为通过评审

 巩固与提升

1. 国家电网公司人资部的主要职责有哪些？

2. 评价中心的主要职责主要有哪些？

3. 地市公司级单位人力资源部门的主要职责有哪些？

4. 员工可以通过哪几种方式申报技能等级？分别是什么？

5. 高级技师申报条件有哪些？

6. 所有人员均能用职称申报技能等级吗？条件有哪些？

7. 技师技能等级评价内容具体包括哪些方面？

第三章

技能等级评价流程管理

技能等级评价实行流程化管理，是保障技能等级评价工作顺利有序开展实施的重要管理措施。技能等级评价流程主要包括计划编制、组织申报、资格审查、评价实施、结果公布、资料归档、数据上报、证书核发等环节。本章主要介绍计划编制（需求征集、资格预审、计划编制）、组织申报、资格审查、评价实施、资料归档及结果公布等内容。数据上报、证书核发两个环节的有关内容并入第六章与技能等级评价备案等内容一同介绍。

高级技师技能等级评价由国网公司统一组织。各单位按年度报送高级技师评价需求，由国网公司统一制定评价计划及实施方案，各单位配合组织实施。组织申报、资格审核环节与技师技能等级评价环节类似，详见国网公司相关制度，本教材不做具体解读。

第一节 计 划 编 制

计划编制环节具体包括需求征集、资格初审、计划编制等三部分内容，是技能等级评价工作的首要环节，也是整个评价工作的基础。认真做好需求征集及计划编制，是确保技能等级评价工作稳妥有序开展的关键。

一、需求征集

（一）下发需求征集通知

职责部门：省公司评价中心

每年 7—10 月，结合教育培训项目储备计划编制及技能等级评价年度总体计划编制等工作，下发技能等级评价需求征集通知，组织各单位征集下年度评价需求。征集通知内容应包含评价工种、评价等级、申报范围、申报条件及有关时间节点安排等关键内容。

（二）需求收集

职责部门：地市公司级、县公司级单位人资部门

地市公司级、县公司级单位人资部门根据评价中心需求征集通知要求，遵循"服务员工、服务基层"的原则，按员工现岗位、现技能等级、工作年限、学历等基本条件，初步梳理筛选符合申报条件人员名单，编发本单位需求征集通知，组织开展本单位需求征集工作。各专业部门（或基层单位）应组织本单位员工据实填报技能等级评价需求，并做好有关信息的审核把关。

评价需求申报表内容宜包含申报工种、申报等级、有关申报条件信息（现岗位、技能等级、职称、工作年限、学历、工作经历等）及社会化备案数据上报有关信息（手机号、外网邮箱、户籍情况等）等，以方便开展资格初审，同时避免多次重复收集信息，减轻员工及基层单位填报工作量。

地市公司级、县公司级单位人资部门应利用培训班、"大讲堂"、网站等形式，进行广泛宣传发动，开展评价政策宣贯，积极指导员工做好评价需求填报，充分调动员工参评积极性，实现技能等级评价应评尽评。

二、资格初审

职责部门：用人单位（部门）、所在县公司级单位人资部门、地市公司级单位人资部门

市、县公司有关单位或部门在需求征集过程中应层层把关，同时做好需求征集报名人员的资格审查及申报信息审核等工作，确保需求征集工作质量。主要审核内容如下：

（一）用人单位（部门）审核

用人单位（部门）负责汇总本单位员工评价需求，并对照申报条件做好资格初审，重点审核员工现工作岗位、现技能等级、学历（学位）、工作履历、现职称等信息，是否符合申报条件，必要时可要求员工提供相关佐证材料（例如：自门户系统人力资源工作台提取的个人履历表、现技能等级证书、现学历证书等），提高评价需求填报准确率。审核无误后，汇总上报至本单位人资部门进行审核。

建议：对于技师及以上技能等级评价需求，宜按照"员工申报+专业推荐"相结合的原则开展需求征集，技师申报名单应经专业部门审核同意，并确定推荐顺序，排名靠前者优先参加评价。

（二）所在单位人资部门审核

申报人所在单位人资部门负责对申报人员有关申报信息的规范性、准确性及真实性进行审核把关，对于现工作岗位、现技能等级、学历（学位）、工作履历、现职称等信息，应结合人资系统进行核查确认，确保需求征集信息准确。审核无误后，汇总上报至地市公司级单位人资部门进行审核。

（三）地市公司级单位人资部门审核

地市公司级单位人资部门负责汇总所辖市、县公司评价需求，并对所有申报人员资格条件等申报信息进行复审，对于现工作岗位、现技能等级、学历（学位）、工作履历、现职称等信息，必要时对照 ERP 人资系统进行进一步核查确认，确保所有人员符合申报条件。

资格初审无误后，各地市公司级单位人资部门将评价需求情况按申报级别、申报工种分类统计，形成本单位技能等级评价需求汇总表，报省公司评价中心。

（四）资格初审要点

1. 岗位审核

申报者当前岗位应为生产技能或技术岗位，并与申报工种相符或为相近工种。

员工岗位应以 ERP 系统（或 NC 系统）记录为准，对于因特殊原因造成人岗不匹配者，应由有关部门出具正规借调（借用）手续或劳务外委合同等证明。

2. 年限审核

对照 ERP 系统员工学历（学位）、现技能等级、现职称、工作履历等信息，审核员工申报工种、申报等级及工作年限是否符合申报条件要求。年限计算以整年计，不足整年的部分不计入（例如：2 年 11 个月应计为 2 年）。

员工填报的从事本职业或相关职业（工种）工作年限应与工作履历相符，履历中非本职业或相关职业（工种）的工作经历部分不应计入。相关职业（工种）的界定应以上级有关规范、文件规定为准。

对于要求学历（学位）的申报条件，学历（学位）应与申报工种专业相符或相近。例如：电气工程类专业可适用于电网调控运行、输电运检、变电运检、配电运检、电力营销、送变电施工等专业各工种的申报，计算机、通信类专业可适用于信息通信运维专业各工种的申报。

案例：关于岗位年限计算的案例。某公司征集 2022 年度评价需求（年限计算截止日期为 2021 年 12 月 31 日），员工小王自 2017 年 8 月 1 日参加工作，见习期至 2018 年 7 月 31 日，此后一直从事变电运维工作，则小王的变配电站值班员工种工作年限应为 3 年，不足整年的部分不计入（2018 年 8 月 1 日至 2021 年 12 月 31 日）。见习期因工种不符一般不计入本工种工作年限。

3. 直接认定条件审核

对于通过直接认定申报人员，应核对其符合直接认定条件中相应技能竞赛类别、级别要求，且应为个人获奖。团体获奖、与申报工种专业不符的竞赛或知识竞赛、调考、劳动竞赛等非技能竞赛获奖不予认可。省级人社部门主办的职业技能竞赛，按照竞赛奖励相关规定对获奖选手晋升技能等级，附竞赛奖励规定有关文件。

三、计划编制

（一）年度评价计划

职责部门：省公司评价中心

评价中心和各地市公司级单位结合评价需求分别开展技师、高级工及以下评价计划编制工作，评价中心汇总各单位评价计划初稿，组织召开年度评价计划平衡会，结合各单位生产情况、各评价基地承载能力等情况，编制并下达年度技师及以下等级评价计划（格式参考表 3-1），明确评价批次、评价工种、评价等级、评价人数、评价时间、评价地点等安排。评价计划根据实际需要进行动态调整。

表 3-1　　　　　　　　　　技能等级评价年度计划格式参考样例表

评价中心（盖章）：_____　　　　　　　　　　年度：×××年

序号	评价工种	评价等级	评价地点	评价时间（预计）	评价单位	评价人数	备注
1	工种 2	技师	基地 1	9 月	省公司	××	
2	工种 3	技师	基地 2	9 月	省公司	××	
3	工种 4	技师	基地 3	9 月	省公司	××	
4	工种 5	技师	基地 4	9 月	省公司	××	
5	...	...	...	...		...	
6	工种 1	高级工	×××	10 月	××地市公司	××	
7	工种 2	高级工	×××	9 月	××地市公司	××	
8	工种 3	高级工	×××	9 月	××地市公司	××	
9	...	...	...	...		...	
	总计					××	

年度评价计划应最大限度考虑各单位工学矛盾问题，例如变电设备检修工、继电保护工等运检专业工种应尽量避开春、秋检时间。

在职职工、供电服务员工因培训经费列支渠道不同，技能等级评价需求计划应分别编制。

（二）月度实施计划

职责部门：省公司评价中心、各评价基地

评价中心根据年度评价计划及动态调整情况，结合各评价基地评价资源、承载能力等情况，将技师技能等级评价任务分解至各评价基地。对于高级工及以下技能等级评价计划，如因地市公司级单位评价资源限制、评价人数过少等原因无法单独开展的，可由评价中心统筹安排评价基地，或自行委托其他评价基地统筹开展。

各评价基地是评价工作的具体实施机构，依据评价中心年度评价计划安排，承接相应工种的评价工作，按照评价工种、评价等级、参评人数等进行分解，编制月度评价实施计划表（详见表3-2），于评价前 1 个月上报评价中心，经评价中心审核通过后，下发评价通知组织开展评价实施等工作。

月度实施计划应合理安排批次，最大限度考虑各单位工学矛盾问题，确保同一单位参评人员能在不影响安全生产工作的前提下分批次参加评价。具体参加评价人员名单，可在评价实施前由各地市公司级单位根据评价计划及名额分配情况统筹安排。确因工学矛盾原因不能按时参加评价的，可由地市公司级人资部门向省公司评价中心、评价基地提出调整申请。

表3-2 技能等级评价月度实施计划格式参考样例表

评价基地（盖章）：___××实训基地___ 填报日期×××年×月

序号	评价工种	评价等级	评价时间	计划总人数	单位1	单位2	单位3	…	…	备注
1	工种1	技师	××年×月×日-×月×日	××	××	××	××	…	…	
2	工种2	技师	××年×月×日-×月×日	××	××	××	××	…	…	
3	…	技师	××年×月×日-×月×日	××	××	××	××	…	…	
4	工种1	高级工	×××年×月×日-×月×日	××	××	××	××	…	…	
5	工种2	高级工	×××年×月×日-×月×日	××	××	××	××	…	…	
6	…		××××年×月×日-×月×日	××	××	××	××	…	…	
	合计									

 巩固与提升

对于 ERP 系统中工作履历不符合申报条件要求，而实际工作经历年限及其他条件均符合申报条件者，资格初审是否可通过？

第二节　组　织　申　报

组织申报环节，应及时、准确指导员工做好申报材料填报，为资格审查、方案编制、评价实施等环节提供有力保障。本节主要包含下发评价通知、申报指导、申报方式等三部分内容。

一、通知下发

职责部门：省公司评价中心、地市公司级单位人资部门

技师等级评价通知由评价中心根据年度评价计划安排、动态调整情况等，按计划分期下发，地市公司级单位人资部门按通知要求组织申报。

高级工及以下技能等级评价通知一般由地市公司级单位人资部门负责按计划分期下发，或者由委托评价基地下发，以外送方式参加评价。

评价通知应包含申报时间、工种、等级、申报要求及申报材料模板，相关申报材料包括职工专业岗位工作年限证明、申报表、工作业绩评定表及有关支撑材料等。

二、申报指导

职责部门：地市公司级单位人资部门、县公司级单位人资部门、用人单位

申报指导是组织申报环节的核心内容，尤其是对于技师、高级技师的申报，因申报材料填报内容多、填报要求高，市、县公司人资部门及用人单位应充分利用网络培训、集中培训、"大讲堂"、个别指导等多种方式，为员工提供全面的申报指导。

评价通知宜附各类申报材料填写示例，以供员工参考，必要时可编发申报指导手册、申报指导书等随通知下发。

三、申报步骤

申报步骤包括工作业绩评定（高级工及以上）、系统在线申报、申报材料整理三部分，

初级工、中级工可无须开展工作业绩评定。三部分应同步开展，其中工作业绩评定、系统线上填报应按通知要求的报名截止时间优先完成。申报材料整理务必在参加技能等级评价前完成，部分材料在参评时交评价基地。

1. 工作业绩评定（高级工及以上）

对于高级工及以上技能等级评价，应在员工报名时，同步开展工作业绩评定。

工作业绩评定应客观公正、实事求是，技术革新、设备改造、合理化建议及安全生产荣誉称号等均需由员工提供有关证明材料，否则该项不得分。

工作业绩评定不及格者，不得申报参加技能等级评价。

2. 系统在线申报

在职职工通过国网学堂技能等级评价管理系统（以下简称"系统"）进行填报，系统入口：内网国网学堂网站→"技能等级评价"模块。供电服务员工等委托评价人员通过国网学堂微信公众号报名平台（以下简称"平台"）填报，平台入口：微信公众号"国网学堂"→国网学堂→报名，首次报名时需先注册，注册时应确保本人姓名、身份证号等个人信息准确无误，防止影响个人申报。

员工在系统或平台中如实填报申报表及有关申报信息，技师、高级技师申报还应上传个人有关业绩成果证明材料扫描件，其中符合直接认定条件者上传的扫描件中需包含可作为直接认定条件的证明材料。无相关证明材料的业绩成果，不予认可。

注意事项：线上申报应严格按照通知要求的截止时间完成个人填报及地市公司级人资部门审核，并提交至省公司评价中心，逾期系统自动截止将无法填报提交。在填报日期截止前，县公司级、地市公司级人资部门应及时做好员工填报提醒。个人填报内容如有错误或缺失，可退回个人修改或补充，退回时应填写修改建议，或通过其他方式（电话、办公邮件、内网微信等）说明修改建议。

3. 申报材料整理

电子材料：员工编制申报材料目录文件（word 格式，见附表 C-6），通过系统或平台导出申报表，并将身份证、技能等级或职称证书、直接认定佐证材料、职工专业岗位工作年限证明、有关业绩成果证明支撑材料等进行扫描整理，所有电子文件命名均须体现材料种类，如"身份证"、"技能等级证书"、"工作年限证明"等。最后把个人所有材料存放在一个文件夹内，以"姓名-身份证号-评价范围"命名，如"张三-3701XX-电力调度（主网）"，并打包成一个同名的压缩文件。个人材料逐级汇总至地市公司级单位人资部门，在参加专业技能考核前提交评价基地。

纸质材料：各等级评价均需提供技能等级评价申报表（一式两份），申报高级工及以上等级者还需提供工作业绩证明。

相关材料模板见 3-2-2，各类材料整理要求如下：

纸质版：

（1）技师评价申报表（2 份）：双面打印装订，一式 2 份，其中照片页应彩印；申报表经所在单位人资部门审核，每页均应由审核人签字并加盖人资部门公章。

（2）技师工作业绩评定表（1 份）：由业绩评定小组、所在单位人资部门签署，不能使用简单的"同意"或"符合要求"等内容，要有结论性评语；直接认定者无需提供本表。

（1）技师评价申报材料目录：doc 格式，申报单位、申报工种、申报范围应填写规范名称。

电子版：

（3）专业技术总结：doc 格式，正文内容中不得体现单位和姓名；字数不少于 2000 字。

（4）身份证复印件：pdf 格式，身份证正、反两面复印至同一页再进行扫描。

（5）工作年限证明：pdf 格式，由所在单位人资部门填写、负责人签字并加盖部门公章，然后进行扫描；工作年限应以整年计。

（6）申报条件证明材料：pdf 格式，晋级申报、同级转评须提供技能等级证书扫描件；直接认定者须提供相关竞赛表彰文件扫描件；职称贯通申报者须提供职称证书扫描件。

（7）获奖证书及业绩成果证明材料：pdf 格式，对应申报表中所取得的现技能等级后的主要工作业绩、主要贡献及成果等，逐项提供证明材料扫描件，部分盖章的业绩证明材料可合并扫描。

（8）其他支撑材料：如有其他需要补充的材料，可补充提供。

 巩固与提升

需求征集、组织申报阶段，人资部门对员工开展培训指导的重点有何相同和不同之处？

第三节　资　格　审　查

资格审查是技能等级评价前的重点环节，按照"谁用人、谁负责"的原则，各级单位要做到各负其责，从下至上，层层把关，实现"一级保一级"的管控措施。资格审查工作流程详见图 3－1。

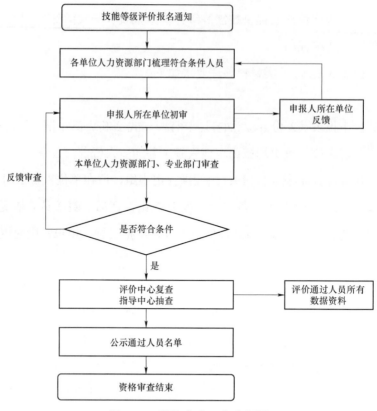

图 3-1 资格审查工作流程图

一、审查内容

资格审查主要内容包括：对申报评价工种及申报条件的审查。各项工作分级负责，人资统筹实施，确保各项工作有监督、有落实，实现"一级保一级"的管控措施。

（1）申报评价工种审查。各地市公司级单位人力资源部门，按照"人岗匹配"的原则，对本单位符合申报条件的人员进行梳理。

（2）申报条件审查。高级工及以下主要审查评价申报表、工作年限证明、工作业绩评定表，以及申报条件所需的证明材料。技师还需涉及专业技术总结，以及申报所需的业绩贡献、技术水平和所获荣誉、传授技艺等证明材料。晋级申报须提供现等级证书、学历证书，直接认定须提供相关竞赛表彰文件或荣誉证书，职称贯通申报者须提供专业技术资格证书，转岗申报者须提供现技能等级证书。

二、审核步骤

资格审查层层把关，按照"一级对一级负责"的要求，由申报人所在单位、县公司人资部门、地市公司人资部门形成三级监管，对申报人资格、业绩、支撑材料等进行严格审核把关。资格审核原则通过系统在线开展，由于目前技能等级评价系统尚不能实现多级审核，只开放了省、市公司两级审核权限，因此涉及县公司级申报人员的审核，由市公司统筹开展，可以组织市县公司集中审核，也可组织市县公司分级开展审核。

（1）申报人所在单位应在申报人进行申报的同时同步做好相关支撑材料的审核把关。应对申报人业绩有关支撑材料进行严格把关，确保与其岗位业务相符，并保证有关支撑材料的真实、规范。

（2）申报人所在单位人资部门应对申报人的工作年限、现岗位、现技能等级、现职称、学历等资格条件进行审核把关，并检查申报表填报内容与各项业绩支撑材料的对应性、真实性、完整性、规范性，经确认无误后，由所在单位人力资源部门按要求在有关支撑材料上签字盖章。

（3）地市公司级人力资源部门负责对所有申报人员的申报信息进行整体审核把关，对申报人所在岗位、工作年限、工作业绩、技术总结等内容进行重点审查。对无相关证明资料、存有疑问的数据退回申报人进行修订完善，严把资格审查关，确保申报质量。无误后，线上将所有申报人员信息进行审核通过（单人或批量均可进行）。

（4）省公司评价中心通过系统，对各单位提交的申报材料电子版进行审查，并对申报人资格进行复审，如发现不符合申报条件的人员退回原单位人力资源部门。

（5）各工种评价基地作为评价工作的实施机构，报到当天应对参评人员提交的纸质版和电子版申报材料进行校核，对缺失关键支撑资料或不满足质量要求的资料，应及时告知参评人员进行补充完善，积极为参评人员做好参评服务工作。

案例：本节中提到的"人岗匹配"原则，即申报人在申报时，ERP 集中部署中的岗位标识是否与现从事岗位保持一致。某员工在营销部计量班上班，2021 年 5 月公司统一组织申报技师，该员工符合装表接电工技师申报条件进行申报，2021 年 6 月调到建设部工作，同月省公司统一组织技能等级评价，因该员工申报时符合条件要求，故仍可参加本评价考核流程，申报人所在单位人资部需要出具说明。

三、公示

资格审核完成后，须对审核结果公示 5 个工作日，经公示无异议者方可参评。技师等级由地市公司级单位统一进行公示，高级工及以下等级由人员所在单位进行公示。委托评价由人员所在单位进行公示。

巩固与提升

1. 本单位成立工作业绩评定小组中，人资部专责是否可以担任成员，是否可以担任评定小组组长？

2. 本单位某一个人员岗位描述不详细或属于大类，无法判定申报人填报岗位是否符合"人岗匹配"的原则，此类情况如何判断和界定？

第四节　评　价　实　施

评价基地是评价工作的具体实施机构，也是贯彻落实技能等级评价各项工作的基础单元。根据评价流程，对上级单位下达的年度评价计划，按照月度进行分解实施，编制切实可行的实施方案及保障措施，确保评价各项工作落实到位、有序实施。

为进一步提升技能等级评价规划管理、标准化实施、可靠性保障等要求，规范评价工作流程，健全完善管理制度，确保评价工作安全、高效、有序开展，特制定评价计划分解及方案编制审批验收工作流程，详见图 3-2。

本节重点内容是为评价基地承办评价实施进行解读，细化操作流程、保障措施，为进一步提升规划化管理、标准化实施、可靠性保障等要求提供帮助。评价基地承办各专业、各等级现场评价前，要认真编写切实可行的考务实施方案，可参考附录 B:评价项目管理，但不局限此模板。编制完成后，要经评价基地负责人、管理人员签字审批通过后，下发相关部门实施，并报备上级管理部门。

一、组织管理

评价中心根据公司技能等级评价工作安排，发挥各评价基地专业和资源优势，授权组织开展相应工种的评价工作。评价基地按照相关制度等文件编制承办相应工种的考务实施方案和保障措施，明确各级管理职能和人员分工，确保各项工作衔接紧密、安全措施有效落实、工作任务有序实施。

（1）评价基地主任是评价工作的第一责任人，负责组建领导小组和工作办公室，全面负责技能等级评价的组织领导、统筹部署等工作；负责审定考务实施方案等相关资料。

（2）工作办公室由基地管理人员组成，负责将年度评价任务进行分解，负责技能等级评价工作的物资、场地筹备、现场组织和实施；负责评价实施过程中的监督、检查；负责组织

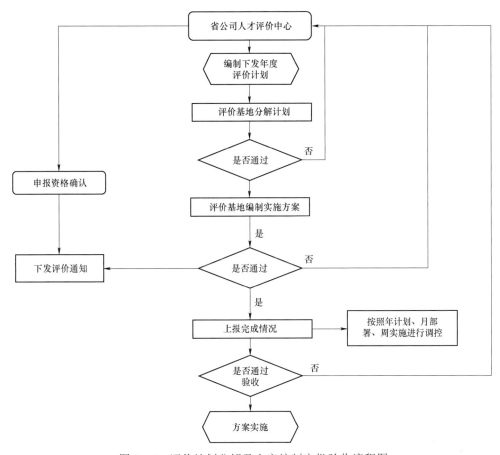

图 3－2　评价计划分解及方案编制审批验收流程图

召开内部工作总结会,对组织不足之处及实施过程中的典型经验进行总结;按照工作要求填报月度评价工作安排情况,并上报管理部门备案、审批。

二、职责划分

按照评价流程及工作任务,设立考务组、考评组、监督巡考组、后勤保障组等工作小组,其管理职责为:

(1)考务组:负责制定考务实施方案及相应的安全保障措施,并组织实施;负责考场的编排,考评小组分工安排、设备调试和等准备工作;负责场地布置、工器具材料准备、资料准备及现场服务;负责考场标志、提示和警示标牌及证件的配置;负责召开考务会、成绩统计、填报报表等工作;负责评价的组织协调、突发事件的处理;负责资料的整理、归档工作。

(2)考评组:负责技能评价理论、实操、命题等具体工作的实施。

(3)监督巡考组:负责考评监督、巡查工作方案的制定;负责监督评价过程是否公平、公正及评价流程和相应安全措施是否符合要求；协助处理考核期间的突发事件，维持评价工作秩序。

（4）后勤保障组：负责制定后勤保障组工作方案，并组织实施；负责评价期间的水电保障及医疗服务工作；负责安保、防疫管控工作；负责处理突发事件及应急救援工作；负责人员报到引导和现场咨询服务工作。

三、方案编制

评价实施方案，应包括组织机构、服务机构、任务分工、监督管理等保障措施；按照评价保障、评价准备、组织实施、公示规范四部分进行任务细分，并制定保障措施，确保各项工作紧密衔接有序实施。方案编制结构流程图详见图 3－3。

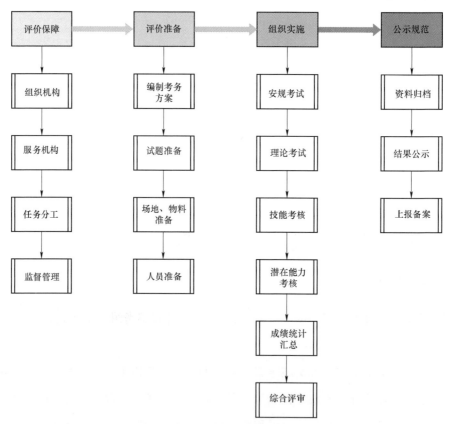

图 3－3　方案编制结构程序图

四、考务实施

遵循"谁实施、谁负责"的原则。技能等级评价工作的实施主体是经验收具备相关评价条件的各评价基地。评价基地实施评价工作前，应认真制定考务组织实施方案，明确评价时间、地点、考务人员、监考人员等相关工作及人员安排，以及职责分工、考场纪律、评分规则等相关内容，切实做好场地、原材料、设施设备的准备工作，安排足够人员力量，有序组织开展相关专业知识考试、专业技能考核、潜在能力考核等工作，确保考务组织实施过程严格管理，秩序良好，规范有序。

1. 场地准备

评价基地按照评价项目筹备评价物资，依据本单位采购程序完成消耗性物资准备。组织本单位相关人员对现场实训设备、安全防护等措施进行验收，确保现场安全防护措施满足相关安全规程及技能等级评价要求。对实操场地各功能区域进行规范布置，包括工器具、材料分区摆放，规范设置安全警示围栏，相关标识等，评价基地应绘制平面图及工位布置图。并按照规定的时间节点，将采购物资、工器具等筹备情况及时上报公司相关部门。

2. 人员准备

（1）评价项目负责人。评价基地按照所承接的评价工种、等级，配置 1 名评价项目负责人，全过程负责评价项目的组织、实施管理；做好评价工作的所有事务协调，确保各服务小组工作衔接紧密、各项工作有序开展。

（2）现场安全监护人员。评级基地结合参评人员数量、实训项目风险等级，配足符合实训现场要求的安全监护人员，由评价基地统一管理。实训项目按照风险等级配置安全监护人员，数量需符合相关安全文件要求，30 人以下配置 1 名安全监护，登高作业增加 1 名高空安全监护，实现全方位监护要求，确保实训项目安全万无一失。

（3）考务人员。评价基地应根据实训项目需要配置至少 1 名考务人员（最多 6 人），全力配合考评员和质量督导员开展评价工作，对评价设施、考场监控和文印设备等进行调试、检查，做好资料打印、收集、数据统计、整理和评价资料归档等工作。

3. 考评会及验收

所有考评人员及考务人员参加评价前的考评会。主要内容如下：

（1）评价基地负责人介绍评价筹备情况，组织签订《安全承诺书》和《保密协议》。考评组长统筹安排本次评价工作，落实考务人员分工。考评会上，组织所有考评员学习有关规定和要求，确定具体考核项目、考试命题等工作。

（2）评价基地的管理人员，组织质量督导、考评员对考场、工位进行全面检查和验收，发现问题，及时纠正，确保安全防护、场地布置和物资器具等项目满足相关工种评价要求。

4. 安规考核要求

对于国网公司安全规程覆盖的生产、建设等专业工种，根据省公司规定，参加评价前须通过安规考试。考试采用网络大学机考闭卷方式，内容为国网公司发布的对应专业安规题库，题型为客观题，题量为 100 道，满分 100 分，单选、多选、判断题比例为 5:3:2。安规考试通过方可参加后续评价。

5. 专业知识考试要求

（1）专业知识考试：监考人员提前 30min 到达考场，组织参评人员进行测温、金属检测、核验身份证入场，组织参评人员签到，宣读《考试纪律》和注意事项。专业知识考试采用国网学堂机考完成，开考后 30min 停止入场，考试 30min 后方可交卷，考试过程中如有违反考场纪律的情况应如实填入《考场记录表》，对严重违反考场纪律的参评人员，应及时报告巡考人员或考务组组长。考试过程全程录像，结束后将视频资料存档。

（2）依据国网公司题库进行考试命题，重点考核与本职业（工种）相关的基础知识，对应等级的专业知识、相关知识，以及电力行业和公司新标准、新技术、新技能、新工艺。考试题型均为客观题，满分 100 分，考试成绩 60 分及以上为合格。技师及以上考核国网公司题库总分值不应少于 60 分，现场命题总分值不应少于 10 分，考试命题结束后在两名专家监督下，由评价基地网络运维专责负责导入网络学堂。开考前命题人员不得离开命题教室，相关考务人员不得参与专业知识考试相关的引导、入场检查、考场管理、监考等工作。考试命题完成后，将试题拷贝到专用移动介质存储，命题组专家清理有关电子文档，销毁有关纸质材料。

（3）评价基地应组织做好线下纸质试卷的准备工作，在质量督导员见证下由命题组成员打印、密封、装袋，并在封条上签名，作为专业知识考试网络中断时的应急保障措施。

6. 专业技能考核要求

专业技能考核原则采用实操方式进行，应在具有相应实训设备、仿真设备的实习场所或生产现场进行。对于不具备实操条件的工种或实操项目，可在征得相关部门同意的前提下，采取编制作业指导书、检修方案、安全措施票等技术文档的形式进行协调考核。

每名参评人员至少考核 1 至 3 个实操项目，考评员依据评分记录表进行独立打分，取平均分作为考生成绩。

对于设置多个考核项目的，每个考核项目均应达到 60 分及以上。评价基地可以通过抽签的方式，随机将所有参评人员进行分组并通过抽签确定其每个项目上场顺序，组织所有参评人员交叉完成所有操作考核项目，确保所有项目可以同步有序开展。

7. 潜在能力考核要求

潜在能力考核包括专业技术总结评分（30 分）和现场答辩（70 分）两部分内容，满分 100 分。各考评员独立打分，取平均分作为考生成绩。成绩由两部分构成。一是考评小组对申报人的专业技术总结做出评价，二是对申报人进行潜在能力面试答辩。考评组长在评价前应组织召开潜在能力评价考评会，全部考评员参会，商定答辩方式、知识范围、评分标准等内容，统一评判尺度。

8. 成绩汇总

各项考核结束后，由专人对所有评价成绩进行汇总，并经核对无误后，由统分人、考评组长签字确认。考评组长对所有考核数据进行抽查比对后，完成评价工作报告的编制。

（1）高级工及以下主要涉及安规成绩、工作业绩评定成绩、专业知识成绩、专业技能成绩，其汇总成绩按照每项成绩对应占比折算后的成绩进行统计。

（2）技师及以上主要涉及安规成绩、工作业绩成绩、专业知识成绩、专业技能成绩、潜在能力成绩，其汇总成绩按照每项成绩对应占比折算后的成绩进行统计。

（注：安规成绩不计入总成绩；各项成绩具体占比详见第二章有关内容）。

9. 综合评审

（1）工作业绩评定、专业知识考试、专业技能考核、潜在能力考核的各项评价成绩均在 60 分及以上且加权总成绩 75 分及以上者方可进入综合评审。

（2）综合评审采用专家评议，综合评审技能水平和业务能力。对参评人员提交的业绩支撑材料、专业技术总结、各项考评成绩等进行综合评价，评审现场采取不记名投票方式进行表决，三分之二及以上评委同意视为通过评审。评委应具有高级技师技能等级或副高级及以上职称。

（3）评价基地应积极配合评审专家完成综合评审工作，提前将评价通过名单、评价数据制作成汇总表，编制投票记录表，提供参评人员申报资料以便复核检查。做好现场评审数据汇总，形成书面资料，评审专家在汇总意见表中完成签字确认。

（4）高级工及以下不需开展综合评审，技师综合评审由省公司统一组织，高级技师综合评审由国网公司统一组织，评审过程中如发现申报材料雷同、造假情况实行一票否决。

【注意事项】

对本节中提到的《评价实施方案》应由评价实施机构按照评价工作程序进行编制，经本单位人力资源部门审核后，报请评价中心审批。针对特殊工序、风险较高的工序，应按照相关规程、规范编制《安全保障措施》，明确安全防护措施、安全监护人等配置情况，确保评价过程安全顺利完成。

 巩固与提升

1. 《评价实施方案》《考务实施方案》的编制与审核是否由评价基地专工负责？
2. 评价实施的考务组组长可否由评价基地所在单位评价专责代替？

第五节　资料归档及结果公布

为保障技能等级评价工作的规范管理，确保评价的公平、公正、公开，评价基地应按照档案管理要求，做好有关评价资料的及时整理归档，确保评价资料签字齐全、规范有序。并应及时将评价结果数据进行汇总，报送上级部门完成结果公示工作，为及时、准确掌握评价结果，更好地为有关部门决策提供信息服务。

一、资料归档

根据国网公司技能等级评价管理相关要求，加强技能等级评价质量管理，规范过程档案资料，参考省公司下发的《技能等级评价资料归档目录》进行资料整理归档工作。各评价基地须设立专门的评价档案存放区域，建立健全档案管理制度，分类妥善保管档案资料。电子档案（包括考试、评审等现场照片、视频影像资料）应至少保存5年并做好备份，除申报表等永久归档材料外，其他纸质档案至少保存3年。同时严格档案保密管理，规范档案查阅审批及登记手续。

二、结果公布

评价中心接到各基地报送的评价通过人员名单，审核无误后编制公示报告，将合格人员名单在公司网站公示5个工作日，评价结果经公示无异议后统一行文发布。

第四章

技能等级评价资源管理

本章主要介绍技能等级评价工种、标准、题库管理、评价基地管理、考评员和督导员管理、评价系统管理七部分内容。以工种目录为依据，以考评题库为参考，以评价基地为依托，有序开展技能等级评价报名、学习、培训和评价工作；通过建立高素质的考评员、督导员队伍，利用评价系统和评价资源，提高考评质量。

第一节　技 能 等 级 评 价 工 种

本节内容是为了使技能等级评价工作规范化、科学化，根据人力资源和社会保障部有关通知要求，在国网公司通过人社部职业技能等级认定备案后，省公司可结合工作实际需要，在国网公司备案的职业（工种）范围内自主确定评价工种，报省人社厅备案后实施。本节包含技能等级评价的工种设置的背景、目录调整管理等内容。

1. 评价工种设置的背景

根据人力资源和社会保障部办公厅《关于做好水平评价类技能人员职业资格退出目录有关工作的通知（人社厅发〔2020〕80 号）》，自 2019 年 12 月起，国务院常务会议决定分步取消水平评价类技能人员职业资格，推行社会化职业技能等级认定。公司积极响应人社部安排部署，从加强技能人才培养、使用、评价、激励工作大局出发，稳妥有序推进技能人才评价制度改革，将技能人员水平评价由政府认定改为实行企业自主评价。

根据《人力资源和社会保障部办公厅关于支持企业大力开展技能人才评价工作的通知》（人社厅发〔2020〕104 号），企业可结合生产经营主业，依据国家职业分类大典和新发布的职业（工种），自主确定评价职业（工种）范围。对职业分类大典未列入但企业生产经营中实际存在的技能岗位，可按照相邻相近原则对应到职业分类大典内职业（工种）实施评价。

国网公司在开展技能等级评价初期，共设置了首批 52 个自主评价工种，2020 年向人社部进行职业技能等级认定试点备案时，根据备案工作要求，将原 52 个工种合并调整为国家职业分类大典中的 39 个。同时，为保证政策的有序衔接，建立了原工种与备案工种的一一对应关系，现阶段开展评价工作时，依照对应关系在原工种基础上实施。

2. 评价工种目录管理

评价工种目录由国网公司根据《国家职业资格目录》及国家有关规定统一批准发布，实行动态管理。各省公司在国家公司工种目录基础上，结合专业实际确定本单位评价工种目录，并报当地人社厅备案。省公司开展评价须严格依照在当地人社厅备案的工种目录进行，且不得超出国网公司备案工种范围。随着国网系统内各专业的发展变化，各专业部门可提出评价工种目录调整（含新职业增加）建议，经指导中心组织专家论证，国网人资部批准后提交国家人社部备案。

第二节　技能等级评价标准管理

为规范从业者的从业行为，引导职业教育培训的方向，为职业技能评价提供依据，依据《中华人民共和国劳动法》，适应经济社会发展和科技进步的客观需要，立足培育工匠精神和精益求精的敬业风气，国家人力资源和社会保障部组织有关专家制定《国家职业技能标准》（以下简称《标准》）。

1. 评价标准概念

职业技能评价标准是在职业分类的基础上，根据职业活动内容，对从业人员的理论知识和技能要求提出的综合性水平规定。它是开展职业教育培训和人才技能等级评价的基本依据。

国家职业技能标准和行业企业评价规范是实施职业技能等级评价的依据。国家职业技能标准由人力资源和社会保障部组织制定；行业企业评价规范由用人单位和社会培训评价组织参照《国家职业技能标准编制技术规程》开发，经人力资源和社会保障部备案后实施。

国网公司实施职业技能等级评价时，评价职业（工种）有国家职业技能标准的，依据国家职业技能标准开展评价活动；没有国家职业技能标准的，可依据经人力资源和社会保障部备案的评价规范开展评价活动。

2. 评价标准建设依据和管理要求

国网公司依据国家职业技能标准或评价规范，结合实际确定评价内容和评价方式，综合运用工作业绩评定、专业知识考试、专业技能考核、潜在能力考核、综合评审等评价方式，对参评人员的职业技能水平进行科学客观公正评价。

科学设置评价标准。坚持凭能力、实绩、贡献评价人才，克服唯学历、唯资历、唯论文等倾向，注重考察各类人才的专业性、创新性和履责绩效、创新成果、实际贡献。实行差别化评价，鼓励人才在不同领域、不同岗位作出贡献、追求卓越。

完善标准开发机制。企业自主评价规范参照《国家职业技能标准编制技术规程》开发。

合理确定技能等级。按照国家职业技能标准和企业自主评价规范设置的职业技能等级，一般分为初级工、中级工、高级工、技师和高级技师五个等级。企业根据需要，在相应的职业技能等级内划分层次，或在高级技师之上设立特级技师、首席技师等，拓宽技能人才职业发展空间。

第三节 技能等级评价题库管理

评价题库由国网公司统一组织开发，根据电网技术发展定期修编。评价题库是满足人力资源和各专业部门管理需要，满足技能等级评价和职工培训的需要，促进员工队伍素质提升。

一、题库分类

各工种题库分专业知识题库和技能题库两部分，其中理论题库在国网公司题库基础上进行增量开发，各等级题库可独立使用。

（一）专业知识题库

专业知识题库题型包括单选题、多选题、判断题三种类型。

1. 选择题一般命题方法

选择题是一种检测考生客观认知水平的考试试题，一般分为单选题和多选题两种，由题干和备选项两部分组成。

（1）题干：表述题目的情景、条件、资讯等核心内容，建立与备选项的联系，蕴含着题目的中心思想。"题干+选项"构成完整陈述句。

1）题干+选项"内容属同一范畴，紧紧围绕某考核点，中心思想明确，表述准确，考生易于了解题目要求，不出现与答案无关的线索或不必要的修饰词，避免使用复杂的句子。

2）题干应包括解题所必需的全部条件，选项不再做条件上的论述。

3）题意指向明确，如要求选对的、选错的、选原因、选结果、选本质、选现象、选填补等。

4）文字叙述要避免有所暗示。

5）慎用否定句，除非为了测试考生求异思维、应变能力。

6）题干中避免出现注释性的括号。

（2）备选项：备选项是指与题干有直接关系意在补缺的可选项，分为正确项和干扰项（错误项）。正确项是与题干共同构成符合考核含义的选项。干扰项，是命题人利用不同角度、不同层面、不同组合的选项来干扰考生，达到测试考生对知识的记忆、理解、运用及逻辑思维能力的目的。

1）备选项和题干要有所关联，不得出现"以上选项均正确""以上选项均错误"及"某项和某项均正确或均不正确"等文字描述。

2）正确项和干扰项长度、结构尽量相同。

3）干扰项要能反映考生的典型错误，似真性强，尽量缩小与正确选项的差异，不应拼凑明显不合理的选项。干扰项的设置有以下两种：一是干扰项观点错误，违反科学原理或法规制度，如明显直接错、偷换概念、表述缺陷等；二是干扰项观点正确，但与题干无关，不符合题意要求，简单重复题干，与题干因果倒置，或具有片面性不是题干要求的全部内容。

4）避免备选项之间出现逻辑上的包含关系，确保干扰项在它的范围内不包含答案，如正确答案为"$X>5$"，则干扰项"$X=10$"也符合答案要求。

（3）常见类型：

1）填空式：常见简单题型，主要考查考生对重要知识点的记忆和再认能力，要求考生选出空白处所缺的内容或补全未尽内容。

2）判断式：主要考查考生辨别是非的能力，要求考生对相关知识作出"是什么"或"不是什么"的判断。

3）因果式：题干与选项构成因果关系，通常由题干提供"结果"，在备选项中选择原因。题目常用"根本原因是""原因是""由于""这是因为"等词语把题干与选项联系起来。

4）引文式：主要考查考生的理解、分析、综合和评价能力。题干通常引用某法规、某文件或著作中的某些论断，让考生分析其中的道理。题目常用"这句话蕴含的道理有""这段话表明""这段话给我们的启示是"等来设置问题。

5）材料式：题干内容多选自实际工作素材或案例，要求考生运用所学知识思考、统计计算、分析材料内容，进行评价、综合认识。常用"这个事例（事实）说明""这段材料表明""这表明""由此可得"等词语将题干与选项连接起来。

2. 单选题要求

单选题适用于测量考生对所学知识掌握程度和辨别分析能力。

形式："题干"+"4 个备选项"，正确选项为 1 个。

格式要求：

（1）题干字数控制：10～80 字。

（2）备选项字数控制：1～30 字，一般备选项字数不超过题干字数。

（3）题干括号为（），句末为句号。

（4）备选项末尾一般不加标点符号，但若备选项的内容为某特别引用时，备选项内容可以加引号。

3. 多选题要求

多选题适用于测量考生对问题的理解、比较与辨别的能力，以及思维的敏捷性和判断力，不太适合测量考生的组织知识能力和表达能力。

形式："题干"+"4－6 个备选项"，正确选项数≥2。

注意：若一题多空，每题空中有两个以上正确选项才是多选题，仅有一个正确选项不能视为多选题。

格式要求：与单选题相同。

选择题中括号的数量原则上不应超过 2 个。

4. 判断题要求

判断题是一种以对错来选择答案的命题形式。适用于一些比较重要的或有意义的概念、事实、原理或结论。

（1）设错方式：观点错、前提错、逻辑错、隶属关系错以及概念使用、词语表达错、计算错等。

（2）要求：

1）每题只能包含一个概念或观点，语句要简明。

2）编写的试题必须是非分明，界线清楚，观点明确，对错无争议。

3）要正面叙述，题干一律采用完整的陈述句，不得采用疑问句，句尾用句号，且不加括号。

4）判断题必须只有"正确"或"错误"两种可能结果，若试题正确，则答案为"A"，若试题错误，则答案为"B"，并附错误试题的正确表述，填入《技能等级评价题库开发工具》中"判断题的正确陈述/计算题试题解析"列。

5）判断题答案为"A"和"B"的比例应基本均衡，答案为"A"的判断题应控制在40%～50%。

6）判断题题干字数原则上控制在10～50字内。试题中不应出现或使用图片。

（二）技能题库

技能题库（手册）分实操题和书面题两种题型。所有试题应关联到国网公司相应工种技能等级评价标准中的评价模块。

1. 实操题

实操题是能在生产（或实训）场所、设备上进行的操作考核项目，试题包括实训作业指导书和评价考核资料两个部分，每道题按满分100分设计。

实训作业指导书包括培训目标、任务描述、培训对象、培训方式及时间、培训参考教材与规程、场地准备、操作步骤、风险点及安全措施、考核要点及考核要求等内容。评价考核资料包括评分标准、考核试卷及其他需要随试卷一同提供的工作票、记录分析表、操作记录表等模板资料。

2. 书面题

不能或无须在生产（或实训）场所、设备上进行的操作考核项目，可以书面方式进行考核，通过书面回答考核考生对技能操作考试项目理解和掌握的程度，诸如编写操作工艺步骤和要求、施工安全措施、施工作业方案、作业指导书、优化作业方案等。

二、题库修订、更新

评价中心结合实际需求，按照与评价目录保持一致，与专业工种保持一致的原则，动态对评价题库进行修订、更新。题库修订分专业模块进行，由评价中心统一抽调各专业专家集中分组编写，各专业组根据出题量和考核要点完成本专业模块的题库。

三、题库上传

各专业组所出题库提供Word文档版和国网学堂版两种版本。评价中心组织系统管理人员对国网学堂版本导入网大系统进行测试，并确认无误。

四、题库审核

由评价中心组织，聘请相关专业专家、技术专家对题库的内容、形式、数量等方面进行审核，无误后进行发布实施。

第四节 评价基地管理

本节内容是为了加强和规范技能等级评价基地管理，根据《国家电网有限公司技能等级评价管理办法》及有关规定，明确基地管理职责和评估要求，加快推进评价基地基础建设，全面提升评价基地的安全管理水平。本节包含技能等级评价基地介绍、管理职责、设立条件、评估审批要求和基地的管理、监督与考核等内容。

一、基本概念、分类及管理职责

（一）评价基地概念

评价基地是指根据评价工作需要，在公司系统内设立的、能独立承担授权工种及相应等级评价工作的实施机构。

（二）评价基地分类

评价基地分为 A、B 两级，A 级评价基地可承担各等级评价工作，B 级评价基地可承担技师及以下等级评价工作。

（三）评价基地管理职责

国网人资部的主要职责是负责审批 A 级评价基地；负责 A 级评价基地建设指导；组织指导中心开展 A 级评价基地质量督导和年检等工作。

省公司级单位人资部门的主要职责是负责审批 B 级评价基地；负责 B 级评价基地建设指导；组织评价中心开展 B 级评价基地质量督导和年检等工作。

指导中心的主要职责是组织开展 A 级评价基地的评估认证工作；指导 A 级评价基地开展日常管理、资源建设和评价实施等工作；开展 A 级评价基地质量督导和年检工作；抽查 B 级评价基地评估认证工作开展情况。

评价中心的主要职责是负责组织开展 B 级评价基地的评估认证工作；组织本单位 AB 两级评价基地日常管理、资源建设和评价实施等工作；开展 B 级评价基地质量督导和年检工作。

评价基地的主要职责是严格执行公司技能等级评价相关规定，完善内部管理制度；负责基地日常管理、资源建设和授权范围内的评价实施等工作；负责评价现场的安全管理；做好评价信息、档案的维护和管理工作。

二、评价基地的设立条件及评估审批

（一）评价基地设立的基本条件

一是具有较完善的组织机构及熟悉评价业务的专（兼）职管理人员。二是具有完善的考务管理制度与规定。三是具有完善的考评现场安全管理措施。四是具有完善财务管理制度。五是具有与所申请评价工种及等级相适应的考核场地、设备设施以及合规的检测仪器。

（二）评价基地的评估审批要求

指导中心、评价中心根据评价权限，综合考虑设备、人员配备和管理水平等因素，可择优设立评价基地。

A级评价基地设立由评价中心提出申请，指导中心评估认证合格后，报国网人资部审批设立；B级评价基地由各单位评价中心根据公司统一制定的标准，组织开展评估认证，报各单位人资部批准后设立，并报指导中心备案。

指导中心统一制定基地编码规则，指导中心、评价中心根据管理权限分别授予评价基地标牌、印章。评价基地变更评价范围（工种、等级），应提出变更申请，重新履行审批程序。

三、评价基地管理的主要内容

评价基地重点加强对主任、管理人员、财务人员和实训设备设施管理，确保评价工作正常运转和有力支撑。

评价基地实行主任负责制，主任由所在单位负责聘任，按管理权限报指导中心或评价中心备案。A级评价基地应至少配置6名专（兼）职管理人员，B级评价基地应至少配置3名专（兼）职管理人员，负责评价计划、考务、考评工作现场、设备设施、档案信息等管理工作。

评价基地应做好评价设备设施的维护工作，并根据评价标准和现场实际持续更新，以满足评价工作需要。评价基地的日常运行、设备设施更新维护费用由所在单位负责落实。评价基地配备专（兼）职财务管理人员，有健全的财务管理制度，按规定进行各项评价费用收取、开票信息收集、发票开具等工作，严格费用管理、专款专用、账目清晰。

四、评价基地的监督与考核

为加快技能等级评价基地建设步伐，保证技能等级评价工作的顺利进行，进一步提升技能等级评价质量，根据《国家电网有限公司技能等级评价管理办法》及有关规定，强化对评价基地的监督和考核。

评价基地的质量督导由指导中心或评价中心委派督导员进行分级质量督导和全面质量抽查。评价基地实行年检制度，每年按规定提交年检报告，按管理权限报指导中心或评价中心备案。指导中心采取随机抽查方式，对评价基地年检情况进行核查。指导中心、评价中心按管理权限定期组织评价基地开展管理经验分享和工作交流。

其他监督与考核事项参见第七章技能等级评价监督与考核有关内容。

第五节　考　评　员　管　理

本节内容是为了确保评价公平公正，指导中心、评价中心在评价实施前，根据年度评价工作计划，随机抽调具有相应工种评价资格的考评员组成考评小组，建立高质量的考评员队伍。

本节包含考评员的基本概念、分类及管理，选拔条件及流程，考评工作内容及管理要求，考评员的监督、评价与考核等 4 部分内容。

一、基本概念、分类及管理职责

考评员是指在规定的工种、等级范围内，经培训考试合格，取得资格证书，并按照公司技能等级评价有关要求，从事技能等级评价考评工作的人员。

考评员分为高级考评员和中级考评员。高级考评员可承担各等级评价工作，中级考评员可承担技师及以下等级评价工作。指导中心、评价中心分别负责高、中级考评员管理，建立遴选、认证、聘用、考核机制。

考评员实行聘期制管理，由评价中心统筹实施。

二、选拔条件及流程

（一）选拔条件

考评员应具备职业道德、业务能力、技术资格等以下五个基本条件：

（1）具备良好的职业道德和敬业精神，科学严谨、客观公正、作风正派、技艺精湛，有较高的威信。

（2）熟悉国家、行业和公司有关评价政策制度，掌握必要的技能等级评价理论、技术和方法，严格执行评价的标准、程序和要求，具有一定考评工作经验。

（3）高级考评员须具有高级技师或副高级及以上专业技术资格，并具有 10 年及以上相关工种工作经历，近 3 年未发生直接责任的安全事故。

（4）中级考评员须具有技师及以上资格或中级及以上专业技术资格，并具有 8 年及以上相关工种工作经历，近 3 年未发生直接责任的安全事故。

（5）身体健康，有足够的时间和精力投入技能等级评价工作。

（二）选拔过程

考评员的选拔流程包括个人申报、单位推荐、资格复审、认证培训、考核取证五个阶段：

（1）个人申报。指导中心根据工作需要发布考评员认证通知，符合条件的员工按通知要求进行报名。

（2）单位推荐。各地市公司级人力资源部门汇总本单位报名人员信息，进行资格初审后择优推荐至评价中心。

（3）资格复审。指导中心、评价中心按照评价等级分别对推荐人员进行资格复审。

（4）认证培训。指导中心、评价中心分别举办高、中级考评员认证培训，内容包括公司战略、企业文化、职业道德以及技能等级评价的规章制度、工作流程、考评技术以及相关专业知识与技能等。

（5）考核取证。考核内容一般应包括规章制度、考评技术、专业技能等内容。培训考核合格者，颁发考评员资格证书（胸牌），有效期 3 年，有效期满应重新认证。指导中心统一考评员资格证书样式，并负责高级考评员证书（胸牌）发放；评价中心负责中级考评员证书（胸牌）发放。考评员选拔推荐工作纳入各单位人力资源管理综合评价，执行情况和工作质量作为评先评优的重要依据。考评员工作业绩作为兼职培训师认证、人才评选、专业技术资格评审的重要参考依据，对于履职尽责、表现优异的个人给予表彰奖励。

三、考评工作内容及管理要求

评价中心随机抽调考评员组成考评小组，实行考评组长负责制，按照考评准备、考评实施、提交报告三个阶段开展考评工作。考评小组一般由3～7人组成，设考评组长1名，全面负责本组工作。考评组长应具有良好的组织协调能力，并具有丰富的考评工作经验，负责裁决有争议的技术问题。

同一考评组成员参加多批次考评工作应实行轮换制度，每次轮换不少于三分之一，考评员在同一评价基地年内连续从事考评工作原则上不得超过3次。

（一）考评工作流程

考评工作流程包括考评准备、考评实施、提交报告三个阶段。

（1）考评准备。按时参加考务会，熟悉考评工种的项目、内容、要求、考评方法及评分标准等，签订保密协议。

（2）考评实施。按照考评方案，有序开展考评工作，确保考评工作顺利实施。考评员参照评分标准，独立完成评分任务，现场如有争议，由考评组长组织考评小组成员进行综合评定，考评成绩不得涂改。

（3）提交报告。考评结束后，考评组长在规定时间内向评价机构提交考评记录和考评报告。

（二）考评管理要求

（1）指导中心、评价中心要建立和维护考评员管理信息系统，记录考评员的考评和业务培训情况以及各评价基地对考评员的评价意见。

（2）考评员在开展考评工作时，须佩戴考评员资格证（胸牌），不得擅离职守，因特殊原因需离开考评现场时，须经考场负责人同意并履行请假手续，离开后不再参加本次考评工作。如有近亲属或其他利害关系人员参加评价时，应主动申请回避。

（3）考评员负责对考核场地、设备等情况进行核查检验，确保考评过程安全无事故。

（4）考评员严格按照标准评分，不受他人影响或诱导他人评分，有权拒绝任何组织或个人提出的可能影响评价质量的任何非正当要求。

（5）考评员考评费用按公司相关规定执行。

第六节 督 导 员 管 理

本节内容是为了确保技能等级评价质量，由指导中心、评价中心委派质量督导员，依据公司技能等级评价有关要求，对评价工作各环节实施监督和检查。质量督导应当以提高技能人才评价质量为目标，坚持督导与指导并重，秉持公平公正原则。

本节包含督导员的基本概念、分类管理及工作职责，选拔条件及流程，督导主要任务及管理要求，督导员的评价与考核等 4 部分内容。

一、基本概念、分类及管理职责

督导员是指导中心、评价中心或属地人社部门委派的质量督导人员，依据国家及公司技能等级评价有关要求，对评价工作各个环节实施监督和检查，对评价工作进行全过程质量督导。

质量督导人员分为外部质量督导员（由属地人社部门委派）和内部质量督导员（以下简称"督导员"）。本文所称的督导员均为内部质量督导员。

指导中心负责督导员统一培训认证，建立督导员信息库。公司采用定期考核、不定期督导等方式对技能等级评价工作进行全过程质量管控，质量督导覆盖面应不少于评价基地评价活动次数的 50%。

督导员的工作职责：

（1）受指导中心、评价中心委派，对管理权限范围内评价基地的管理、评价工作及评价场地、设备设施和规章制度建设情况实施督导、检查和巡视。

（2）对举报、投诉的技能等级评价违规违纪情况进行调查、核实，并提出处理意见。

（3）结合督导工作开展，对公司评价组织工作提出意见建议。

二、选拔条件及流程

（一）选拔条件

督导员应具备以下基本条件：

（1）具有良好的职业道德和敬业精神。

（2）掌握国家、行业职业技能鉴定和公司技能等级评价有关政策、法规和规章制度，熟悉技能等级评价的专业理论和技术方法。

（3）具有中级及以上专业技术资格或技师及以上技能等级。

（4）从事技能等级评价管理工作 1 年及以上或担任技能等级评价考评员 3 年及以上。

（5）身体健康，服从安排，能够按照委派单位要求完成督导任务。

（二）选拔流程

督导员选拔流程包括个人申报、单位推荐、资格审查、认证培训、考核取证五个阶段：

（1）个人申报。指导中心根据工作需要发布督导员认证通知，符合条件的员工按通知要求进行报名。

（2）单位推荐。各地市公司级人力资源部门汇总本单位报名人员信息，进行资格初审后择优推荐至评价中心。

（3）资格复审。评价中心对推荐人员进行资格复审后报指导中心。

（4）认证培训。指导中心统一举办认证培训，内容包括公司战略、企业文化、职业道德以及技能等级评价的规章制度、工作流程、技术标准和督导方法等。

（5）考核取证。培训考核合格者，颁发督导员资格证书，有效期 3 年。有效期满后督导员须提交工作总结，经指导中心审查考核合格者，延长证书有效期 3 年。

督导员选拔推荐工作纳入各单位人力资源管理综合评价，执行情况和工作质量作为评先评优的重要依据。督导员工作业绩作为兼职培训师认证、人才评选、专业技术资格评审的重要参考依据，对于履职尽责、表现优异的个人给予表彰奖励。

三、督导主要任务及管理要求

质量督导方式和内容如下：

（1）听取评价基地有关情况汇报。

（2）查阅评价基地有关文件、档案、信息数据资料。

（3）审核技能等级评价活动有关程序和环节是否符合规定要求。

（4）对技能等级评价的工作现场和考试现场进行监督检查。

工作现场的督导内容包括：制度建设、机构建设、配套措施、评价条件、考务管理、评价方案、阅卷评分的科学性和公正性等情况。

考试现场的督导内容包括：考场环境、仪器设备、技术条件、安全卫生、考场组织、考试秩序、试卷规范、应试纪律、评价时间、考务人员执行任务、考评实施程序、考评员资格、考评员对考评标准与规则的掌握等情况。

（1）对评价对象进行个别访问、调查问卷，对评价结果进行复核。

（2）根据督导情况，对评价组织工作提出意见建议。

（3）编写《技能等级评价督导报告》，在当次督导结束后 5 个工作日内提交省公司及委派单位。

 巩固与提升

1. 简述考评工作流程。

2. 简述质量督导主要任务及管理要求。

第七节　信 息 系 统 管 理

本节内容是通过构建技能等级评价管理信息系统，实现技能等级评价管理的信息化、网络化，提高评价管理的客观性、公正性和规范性。本节包含技能等级评价系统开发介绍，系统功能特点及系统展望等三部分内容。

一、技能等级评价系统开发介绍

技能等级评价系统是在国网公司开展技能等级评价工作的新形势下提出的，旨在规范技能等级评价工作行为。技能等级评价系统依托国网学堂平台建立，专门为技能等级评价工作开发的信息系统，它能够满足公司对"知识型、技能型、创新型"电网员工队伍建设的需求，全面提高技能等级评价的规范性、科学性。

二、技能等级评价系统功能特点

技能等级评价系统分为管理员端、学员端。管理员端包括新建项目、资格审核、考试考核、成绩管理、证书管理、人员导出等模块；学员端包括报名、考试考核、成绩查询、证书查询等模块。管理员对初级工、中级工、高级工、技师及高级技师申报条件及所需上传附件信息进行审核，保证数据的正确、真实。

（一）管理端

1. 新建项目

管理员在管理员端【人才发展】–【技能等级评价】–【项目管理】–【新增项目】中

新增技能等级评价项目，项目发布后，员工可以在学员端进行申报，初中高等级在新建项目时需要配置该项目中考试成绩所占权重。

2. 资格审核

管理员在管理员端【人才发展】－【技能等级评价】－【项目管理】－【资格审核】中可以查看已报名学员的申报信息，并可对其进行审核。技师及以下等级的项目有单位人资和评价中心两级审核。高级技师有单位人资、评级中心和指导中心三级审核。

3. 考试考核

管理员在管理员端【人才发展】－【技能等级评价】－【项目管理】－【资格审核】中可以查看已报名学员的申报信息，并可对其进行审核。技师及以下等级的项目有单位人资和评价中心两级审核。高级技师有单位人资、评级中心和指导中心三级审核。

4. 成绩管理

学员完成线上考核和线下考核后，管理员可以将学员线下考核的成绩导入到系统中，然后将成绩上报。

5. 证书管理

在证书管理中可以对学员进行证书审核，通过证书审核后便可生成证书或生成证书编码。

6. 人员导出

管理员可以将项目报名人员信息、申报信息、成绩、证书编码以 Excel 的格式导出到本地。

（二）学员端

1. 报名

学员在网络大学学员端可以报名技能等级评价项目，选择报名条件、填写申报表后提交审核即可报名，报名完成后可以在学员端查看报名审核状态。

2. 考试考核

学员在网络大学学员端报名审核通过后可以参加报名项目的考试，考试通过后，管理员在管理员端便可为考试通过人员生成证书。

3. 成绩查询

考试结束，管理员在管理员端维护好线下成绩后，学员便可以在技能等级评价中查看已参加考试的成绩。

4. 证书查询

管理员在管理员端生成证书后，学员便可以在技能等级评价中查看证书。

三、技能等级评价管理系统展望

随着评价体系的建立和不断完善，评价工作逐渐由试点阶段迈向常态化开展阶段，评价资源、评价过程及结果大数据的管理及应用已成为评价管理数字化所要面临的关键问题。未来评价系统的功能开发和完善将能满足以下几个方面的应用需求：

1. 评价标准及题库的动态管理

具备评价标准及题库的模块化录入和迭代更新维护功能，指导中心、评价中心能够分级指派专家，对各工种评价题库和补充题库进行在线维护。

2. 评价专家库的闭环管理

能够实现考评员、督导员选拔、认证、使用、评价、考核一体化闭环管理功能，将考评员、督导员选派环节纳入评价实施流程中，形成专家的工作记录，同时记录相关评价主体对专家的量化评价得分，用于评估专家工作能力及业绩表现。指导中心、评价中心可结合评估结果对专家设置选派优先级，并建立冻结、退出机制，实现专家库的"能进能出"管理，迭代提升专家队伍整体水平。

3. 部分评价环节的在线实施

依赖人资系统员工信息，自动提醒符合条件的员工报名参加评价，在集成员工业绩材料基础上，实现评价的一键申报功能，自动完成申报表的填写和业绩材料的整理。对于工作业绩评定、潜在能力考核、综合评审等考评环节，可针对性开发专家选派、视频答辩和在线审打分功能，真正实现无纸化、"背靠背"考评，有效解决集中评价造成的管理负担，节约资料印刷成本，提升工作质效。

4. 评价大数据的应用

在充分挖掘评价过程数据的基础上，形成对参评人员的多维度评估报告，通过分析人员在各能力模块的优缺点，帮助员工针对性补齐短板，提升综合素质。在岗位配置、人才选拔等应用场景中可通过设置对不同能力维度的量化要求，对需求人选进行精准画像，并自动匹配符合条件的最优人选。同时依托评价大数据，可在班组、部门、单位等多个不同层级评估参评群体的能力特点，有助于制定针对性的培养计划，加快技能人才队伍建设。

第五章

技能等级评价安全管理

　　技能等级评价安全管理落实"安全第一、预防为主、综合治理"的工作方针，执行"实训现场等同于作业现场"的安全理念，坚持"谁主管谁负责、谁使用谁负责、管业务必须管安全"的原则，包含培训安全组织保障体系建设、现场安全管理及应急管理、实训设备及安全工器具管理、学员及服务管理等四个方面。

第一节　安全组织保障体系建设

　　健全的安全组织体系，是落实主体安全责任，践行本质安全、实现评价工作安全的组织保障。要建立健全安全组织保障体系，健全覆盖全员、全过程的安全生产责任制度，明确各自安全责任，为安全评价提供可靠组织保障。

　　各评价基地所属市县公司是做好评价安全工作的责任主体，要将评价基地安全管控纳入"大安全"管理范畴，加强安全到位监督和风险管控，认真开展问题隐患排查治理。实现安全闭环管理。各评价基地是落实安全管理的直接责任主体，要按照相关专业安全规程，建立健全安全组织保障体系，加强评价安全管控和考核，提高评价工作安全保障能力。评价基地安全组织保障体系是由各评价基地主任和基地安全员组成。

一、安全职责划分

1. 基地主任

是安全评价活动的主要决策人，是安全评价活动的第一责任人，对安全评价活动全面负责。

2. 基地安全员

要健全安全管理规章制度，建立隐患排查、风险管控体系，组织召开安全会议、实施教育培训、开展安全检查等工作，承担相应业务安全责任。安全员在评价前和评价过程中对各实训现场进行常态化安全巡视，指导和监督各评价现场落实安全措施，规范评价流程，消除安全隐患。

二、安全保障内容

（1）评价委托单位应与评价基地签订评价安全责任协议书，评价基地应与考评员、考生签订评价安全责任协议书，明确双方安全管理责任。

（2）制定评价现场安全管理制度、安全保障方案和应急处置预案，并定期加以培训及演练。

（3）定期组织开展评价场地、设备、仪器仪表、工器具和消防安全检查，消除评价安全隐患，确保符合安全工作规程要求。

（4）涉及带电、高空等高风险作业项目，应在评价前对考生进行风险提示，并在评价过程中配备专职安全监督人员，评价基地负责人应到场指导。

（5）对考生实行"四严"管理，完善考生宿舍管理、餐饮安全管理制度，实行负责人陪餐制度，严控食品加工过程，确保食品安全。

（6）严格执行公司网络安全有关规定，落实网络安全相关要求，确保内外网网络信息安全。

（7）技能等级评价实行安全考试不合格"一票否决"制，安规考试不达标，不能参加后续的评价考核。

第二节　现场安全管理及应急管理

评价基地要根据专业定位，认真执行现场勘查、安全交底、工器具检查、工作监护等各项要求，落实安全管理职责，做好时时、事事可控在控，做好评价过程安全管控及考评员和学员的安全教育，确保现场人员和设备安全，同时做好应急管理。

（一）现场安全管控

（1）考评现场的安全管理应符合安规和国网公司的有关规定。

（2）各实训站和评价基地应根据培训场所绘制区域分布图，涵盖培训（实训）场所、办公场所、食宿场所、活动场所等，各区域严格执行定置管理。各区域制定相应的安全管理措施，安全责任到人，保证各实训基地安全措施的全覆盖。

（3）评价基地要根据专业定位，制定相应实训课程的标准化作业指导书，严格落实"两票"规定，认真执行现场勘查、安全交底、工器具检查、工作监护等各项要求。

（4）进入考评、培训现场的人员应正确佩戴安全帽及正确配备和使用个人防护用品，严禁酒后考评。

（5）实操训练和考试的学员必须经安全教育和《安规》考试合格后，方可参加实操训练。全面应用实操项目风险控制卡，实训操作前，应专门重申作业项目危险点、安全措施及应急处置方法，并要求学员复述安全措施及应急预案；实训作业前，培训师、考评员要逐一检查安全工器具、检查个人防护用具穿戴情况，落实全部安全措施。现场使用的工器具应符合技术检验标准要求，使用前必须进行外观检查。

（6）完善实训现场视频监控系统，整合视频监控资源，将所有实训场所纳入视频监控系统，做到实训和评价全过程监控，不留死角。各实训站和评价基地应将培训现场安全监控上升到生产现场安全监控相同高度，坚决做到"不安全不培训、不安全不评价"。

（二）应急管理

1. 应急处理原则

发生影响正常进行的突发事件，应本着统一领导、分级负责、条块结合、处置果断、防止扩散的原则，采取切实可行的有效措施，最大限度地降低突发事件影响，维护学员的根本利益，确保计划正常有序进行。

2. 报告形式及内容

（1）报告形式：根据突发性事件的紧急程度，视情况可采用口头报告、电话报告、文字报告等报告形式。

（2）报告内容：上机考试无法登录或断网问题、机考转笔试试卷的准备和保密问题、试卷交接、保管过程中出现的泄题问题；理论考试或实操过程中出现的学员晕厥、中暑、受伤问题、理论考试或实操过程中出现的学员情绪失控、自残或伤害他人、损坏实训设备问题；发生大面积停水、停电事故；发生地震、火灾、暴风雨等自然灾害问题；发生食物中毒事故。

（3）报告程序：发现人在发现突发事件可能发生或发生并确认后，立即报告基地负责人，由基地负责人视情况安排人员处理，本基地无法处理的首先向本公司人资部突发事件应急处理领导小组汇报，同时报送相应级别主办单位相应突发事件应急处理领导小组。

第三节　实训设备及安全工器具管理

评价基地要按照公司规定，建立实训设备和安全工器具管理制度及出入库管理台账，定期检验和维护，确保实训设备和安全工器具完好率和试验率双100%。

（1）按照《电力安全工器具管理规定》，建立台账、定期检验和维护。

（2）建立实训设备和安全工器具管理制度及出入库管理台账，定期组织安全工器具、安全防护用具定期检验。

（3）建立实训设备定期检测维护机制，对使用频繁，容易损坏的实训设备，进行全面统计并建立清单，明确规定其定期检测维护的周期和内容，形成年度实训设备定期检测维护实施计划并严格执行。

（4）安全工器具、带电作业工器具等配置齐全，建立台账，并实行定置管理。

（5）按时进行周期性试验。安全工器具、带电作业工器具周期试验率100%、完好率100%。

第四节　学员及服务安全管理

学员的安全管理和评价服务保障安全管理是技能等级评价安全管理的重中之重。完善学员管理制度，加强学员自我管控机制，建立消防检查制度，严把食品进入渠道和加工卫生关，确保学员的安全稳定及广大教职工的生活和工作安全。

1. 学员安全管理

评价基地要建立健全学员评价管理制度，并加强管理工作考核。严格评价请假管理。评价期间，原则上学员不准请假，如有特殊情况，须学员本人提出请假申请，由所在单位人资部审核，报评价中心批准，反馈评价基地备案。学员因病请假，须持医生证明，报班主任备案。评价期间，不准组织宴请，不得外出就餐、饮酒。严禁在外留宿，严禁在客房内留宿他人。

2. 服务安全管理

评价基地要严格执行有关消防安全管理规定，进一步完善消防安全管理制度，建立定期消防安全检查机制，及时全面排查及整改评价场所消防隐患。认真落实国家食品卫生管理有关规定，进一步完善餐饮安全管理制度，定期开展饮食服务从业人员健康体检，严把食品原料进口关，严控食品加工过程，坚决杜绝集体卫生事件发生。实行负责人陪餐制度，技能实训站负责人应轮流到学员食堂陪餐，陪餐的负责人不仅要与学员共同进餐，还要提前进入学员餐厅督导餐饮工作质量。

第六章

技能等级评价备案及结果应用

技能等级评价备案是整个技能等级评价过程中合规标准把控的重要环节,通过企业是否具备开展职业技能等级认定试点工作的资质进行评估,决定是否具备相应等级的评价权限。合规标准的高低将影响整个选拔过程的质量和有效性,长期以后会对整个人才梯队的正循环产生显著的影响。

评价结果应用中明确指出了等级评价的结果和员工发展的强关联性,对于人才的自主成长具备一定的积极效果。

本章节主要包括技能等级评价备案流程及要求、证书管理和评价结果应用。备案流程及要求中附上了备案详细流程及申报条件,便于了解评价申报的权威及标准性。

第一节　备案流程及要求

中央企业职业技能等级认定(技能等级评价)实行"双备案",即中央企业向人力资源和社会保障部申请备案,中央企业分支机构向省级人力资源和社会保障部门申请备案。备案有效期为 3 年。已完成备案的企业,须定期将评价结果数据上报人社部门,经逐级审核后上传国家人力资源和社会保障部职业技能等级证书全国联网查询系统。《关于印发〈企业职业技能等级认定备案工作流程(试行)〉》(人社鉴发〔2019〕3 号)和《关于开展企业技能人才自主评价的实施意见》(鲁人社发 2019 年 14 号),明确了企业自主开展职业技能等级认定备案工作要求及流程。与此同时,在国网系统内,技师及以下技能等级评价实行核准备案制,各省公司须定期向国网公司申请评价权限,经核准后方可开展评价。

一、中央企业向人力资源和社会保障部申请备案流程

(一)申请备案。中央企业向人力资源和社会保障部(以下简称人社部)以书面形式提

交备案申请及相关材料，由法人代表签字承诺材料的真实性。

备案材料主要包括：① 备案申请表；② 职业技能等级认定试点工作方案。

（二）受理备案。人力资源和社会保障部职业技能鉴定中心（以下简称部鉴定中心）受人社部委托，受理中央企业备案申请，对中央企业申报资料进行收集、整理、汇总和初步审核，确认申报资料是否符合要求，并在 10 个工作日内通知其是否受理。

（三）技术评估。部鉴定中心组织专家，根据具体情况，通过听取报告、文件审核、技术抽查、访谈咨询、质询答辩和现场考察等多种方式，对中央企业是否具备开展职业技能等级认定试点工作的资质进行技术评估，并提出专家意见。

（四）备案回执。部鉴定中心向通过技术评估的中央企业出具部级备案回执。

（五）省级备案。中央企业子公司、分公司等（以下简称中央企业分支机构）向所在地省级人社部备案。

备案材料主要包括：

（1）备案申请表；

（2）本单位职业技能等级认定试点工作方案；

（3）中央企业职业技能等级认定试点工作方案（复印件）；省级人社部门登记备案后，出具省级备案回执，并对中央企业分支机构编码赋值。

具体参见图 6-1 中央企业向人力资源和社会保障部申请备案工作流程图。

二、备案监督管理

人社部门统筹管理企业职业技能等级认定备案工作，遵循"谁备案、谁监管、谁负责"的工作原则，对备案企业进行监督管理。人社部门对备案材料进行抽查核查，对备案材料造假的企业，一经核实，取消评价资质。部鉴定中心建立职业技能等级认定信息化工作平台，向社会提供相关信息公开和查询，统一公布全国评价机构（用人单位）目录，主要包括：企业及其分支机构的名称、地址、联系方式以及备案号，开展认定的职业（工种）名称、技能等级及相应职业标准或评价规范等。

三、技能等级评价核准备案

在国网系统内技师及以下技能等级评价实行核准备案制。省公司需向国网公司书面申请评价权限，由国网公司进行核准。核准有效期为三年。

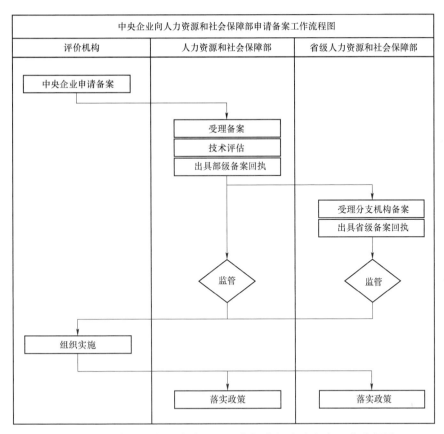

图6-1 中央企业向人力资源和社会保障部申请备案工作流程图

（一）申报条件

申请技师及以下技能等级评价权限应具备以下条件：

（1）省公司作为评价主体，组织开展本单位技师及以下技能等级评价工作。

（2）制定符合国家和国网公司评价政策的工作方案，明确评价范围、申报条件、评价方式及内容，且不得低于国网公司申报条件和评价标准。

（3）具有与评价范围相适应的考评员、质量督导员以及评价场地、设备设施等硬件资源。

（4）近三年技能等级评价工作未发生违规违纪行为。

（二）申报流程

（1）提出申请。省公司向国网公司提出技师及以下技能等级评价申请，报送相关材料，内容包括本单位及地方人社部门技能等级评价相关管理文件、实施方案以及考评员、考评设施、补充题库等评价资源。

（2）核准备案。国网公司对申请技师及以下技能等级评价单位的评价能力及备案材料进行审核，对符合条件的单位出具批复文件，予以核准备案。

（3）评价实施。核准备案单位严格按照工作方案组织开展技师及以下技能等级评价工作。未申请或未通过核准单位，在征得省级人社部门同意前提下，委托指导中心或系统内其他单位开展技师及以下技能等级评价工作。

（三）监督管理

国网公司建立技能等级评价工作评估机制，对各省公司评价工作过程质量及评价结果进行督导、考核，并以三年为周期定期开展全面质量评估。对违规操作、弄虚作假等问题的单位，视情节轻重给予通报批评、停止评价、限期整改等处理，直至取消评价资质。

第二节 证 书 管 理

技能等级证书可采用纸质证书和电子证书两种形式，纸质证书与电子证书具有同等效力。按照"谁评价、谁发证、谁负责"的原则，加强职业技能等级证书的管理。建立证书印制、核发、销毁、补发等记录，确保每本证书可溯源。对评价合格人员根据需要颁发相应等级纸质证书或电子证书，评价中心按照人社部要求进行编号，报指导中心审核，由指导中心具体核发纸质证书或电子证书。

一、评价结果上传

每周期（半年或一年）评价工作结束后，评价中心在职业技能等级认定技能人才评价服务平台提交评价结果，省级人力资源和社会保障部门职业技能鉴定中心在技能人才评价服务平台审核评价结果并上报国家人力资源和社会保障部，然后评价中心在国网公司技能等级评价管理系统内上传评价结果，并由指导中心统一将评价结果报送至国家人力资源和社会保障部，最后国家人力资源和社会保障部对省级人社部门和国网公司上传的评价结果数据进行比对审核，无误后上传国家职业技能等级证书查询系统。人力资源和社会保障部通过职业技能等级认定平台向社会提供统一查询服务。并通过技能等级认定技能人才评价服务平台将获证人员信息一键式上传国家职业技能等级证书查询系统，经人力资源社会保障系统数据校验筛选入库，见图6-2。

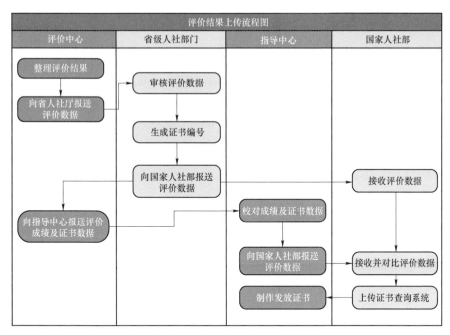

图 6－2　评价结果上传流程

证书数据管理人员要做好数据专用账号、密码和数据交换平台认证数字证书的保管工作，并及时将证书数据备份，不得对外泄露证书数据。

二、证书编号规则

人社部印发《职业技能等级证书编码规则（试行）》和《职业技能等级证书参考样式》（人社鉴发〔2019〕2号）对于证书编码规则做了明确规定，具体要求如下：

证书编码共22位，由1位大写英文字母和21位阿拉伯数字组成，实行一证一号。主要包括7个部分：1. 评价机构类别代码；2. 评价机构代码；3. 评价机构所在地省级代码；4. 评价机构序列码；5. 证书核发年份代码；6. 职业技能等级代码；7. 证书序列码。其中，第1－4部分由人力资源和社会保障部门赋码，第5－7部分由评价机构赋码。具体表现形式见表6－1。

表6－1　　　　　　　　　　　　　职业技能等级证书编码规则

序号	1	2	3	4	5	6	7	8	9	10	11	12	13	14	15	16	17	18	19	20	21	22
说明	评价机构类别代码	评价机构代码				评价机构（站点）所在地省级代码		评价机构（站点）序列码						证书核发年份代码		职业技能等级代码	证书序列码					
来源	人力资源社会保障部门确定													评价机构确定								

77

示例 1：Y 0001 37 XXXXXX 19 5 000001，第 1 位表示该评价机构类别为用人单位；第 2−5 位表示人力资源和社会保障部赋予该机构的代码为 0001；第 6−7 位表示该评价机构在山东省；第 8−13 位表示该评价机构序列码，由山东省人力资源社会保障厅赋码；第 14−15 位表示该证书核发年份为 2019 年；第 16 位表示该证书职业技能等级为五级；第 17−22 位表示该证书序列码为 000001。

三、证书样式要求

《关于进一步规范职业技能等级证书样式及有关工作的通知》（人社鉴发〔2021〕1 号）对于证书样式做了明确规定，具体要求如下：

职业技能等级证书是指由经人力资源和社会保障部门备案的用人单位和社会培训评价组织（以下统称评价机构），在备案职业（工种）范围内对劳动者实施职业技能考核评价所颁发的证书。证书由评价机构独立印制并发放，政府部门不参与监制。

职业技能等级证书的内容应包括证书名称（职业技能等级证书）、评价机构名称（应与人力资源和社会保障部门备案机构一致）、发证日期、姓名、证件类型、证件号码、职业（工种）名称、职业技能等级、证书编号，以及持证人照片、二维码等信息，印章应与备案公布的名称一致。证书印制应满足国家印刷品印制相关标准和要求，建议采用 A4 纸大小（210mm×297mm）规格、单页形式。参考样式见图 6−3。

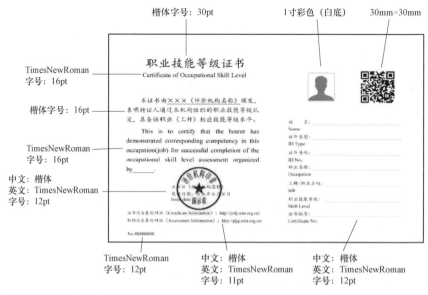

图 6−3　职业技能等级证书参考样式

四、在线生成打印流程

职业技能等级纸质证书内容统一使用打印机规范打印，手写无效，照片可直接在证书上打印。职业名称、工种名称按照评价机构备案的规定名称打印，名称过长可分两行打印。只有职业名称无工种名称的，在工种名称处打印"－－"，不得为空。职业技能等级证书应加盖"评价机构名称"或"评价机构+职业技能等级认定专用章"印章。

五、纸质证书核发

纸质版证书在发放时要做好登记备案，发放时应由本人或由单位指定的人员签字后方可领取，领取记录要做永久存档保存。纸质证书要妥善保管，不可补办或重新办理。纸质证书在制作过程中因误操作或由因证书本身质量问题而作废的，应做好记录，经评价中心批准后统一进行销毁或更换。

证书持有人因证书遗失、损坏或证书信息错误需要重新办理的，在全国联网查询系统上查到相关信息后，持身份证原件到原评价机构按流程办理证书补发手续。证书损坏或证书信息错误补发的，核发新证的同时收回旧证，并登记存档。

为了激励员工积极参加技能等级评价，不断提升个人职业素养，企业可将评价结果与个人薪酬收入、人才评选、职称评审和岗位晋升等挂钩，鼓励各单位根据实际情况进一步加大激励力度。

第三节　评价结果应用

一、评价结果应用于薪酬激励

各单位可根据相关规定，结合岗位作业能力评定等方式，将技能等级评价结果差异化与薪酬收入直接挂钩，保障员工参与技能等级评价的积极性。

二、评价结果应用于薪档积分

评价结果适用薪档积分规则,级别高于原国家或行业职业技能鉴定等级者,按差额赋分;与原国家或行业职业技能鉴定等级持平者,不重复积分。

三、评价结果应用于人才评选和职称评审

在进行人才评选和职称评审时，技能等级评价结果作为个人业务能力素质的体现，可以作为其中加分项，根据不同等级赋予不同分值。

四、评价结果应用于岗位晋升

评价结果可作为岗位晋升或岗位任职的门槛，对于不同岗位晋升和岗位任职，可设置不同技能等级条件要求，为公司人才培养、技术攻关等技艺革新工作，继续发挥关键引领作用。

五、享受国家技能提升补贴

根据地方政府相关规定，对符合条件的企业参保职工，并在年度技能等级中取得等级证书（以核发时间为准）者，可申领一定额度的技能提升补贴，自证书核发之日起 12 个月内提交有关申请即可。

第七章

技能等级评价监督与考核

技能等级评价监督与考核是保证等级评价过程中公正性和科学性的重要环节，对考评单位及工作人员的监督将直接影响到考核结果的有效性。若考评过程中存在监督及考核不当的地方，将严重影响申报人员的积极性，产生对技能等级评价的工作权威性的质疑，最终造成考评结果失去公信力，选拔的人才无法符合标准。

本章包含评价监督机制和评价考核机制。其中评价考核机制中详细罗列了评价单位、评价基地、考评人员、督导员等方面的违规事项。

为了规范有序推进技能等级评价工作，国网公司制定了明确的监督与考核机制，主要内容如下：

一、评价监督机制

对评价工作实行分级质量督导和全面质量抽查。由指导中心和评价中心委派督导员分级进行质量督导和质量抽查。指导中心根据需要，选派督导员对各评价中心高级技师考评实施工作进行督导，对各评价中心技师及以下评价工作开展情况进行抽查；评价中心根据需要，选派督导员对各评价基地技师考评实施工作进行督导，对各评价基地高级工及以下评价工作开展情况进行抽查。督导检查内容主要包括各评价中心与基地落实国家、国网公司规章制度情况，考评设备设施与考评人员安排情况，考务管理与评价方式科学性、公正性情况等。

二、评价考核机制

对评价过程中各类违规现象的考核具体规定如下：

（一）有关单位违规考核规定

对在评价组织过程中有以下行为的单位，视情节轻重，给予通报批评、并纳入人力资源专业评价：

（1）拒不配合本单位考评员选派工作；

（2）评价工作组织不力影响评价计划实施；

（3）评价组织实施过程存在被动应付、把关不严、徇私舞弊等行为；

（4）擅自更改评价结果，影响公平公正。

（二）评价基地违规考核规定

（1）对违反相关规定，存在擅自变更评价工种、无标准开展评价、越权评价、弄虚作假等违规行为的评价基地，视情节轻重，由指导中心或评价中心给予通报批评、限期整改或取消资质等处理。

（2）评价基地实行年检制度，每年按规定提交年检报告，按管理权限报指导中心或评价中心备案。指导中心采取随机抽查方式，对评价基地年检情况进行核查。

（3）评价基地有下列情况之一的，予以通报批评，限期整改，情节严重的取消资质：

1）发生评价试题泄密事件；

2）存在乱收费现象或其他严重违规违纪行为，造成恶劣影响；

3）评价行为违反安全生产规程，发生安全责任事故；

4）拒不配合督导人员正常开展工作，对提出的督导意见不能按时整改；

5）无正当理由不能按时完成评价计划；

6）评价管理制度执行不严格，造成不良影响；

7）年检不合格。

（4）评价基地被取消资质后，三年内不得再次申请设立。

（三）工作人员违规考核规定

对在评价组织过程中玩忽职守、徇私舞弊、履责不力的工作人员进行通报批评，并取消相应资格。

（四）考评人员违规考核规定

考评人员有下列行为之一的，取消考评员资格：

（1）无故不参加考评工作；

（2）在考评工作中丢失、损坏考生工件，造成无法评定考生成绩；

（3）在考评工作中发生责任事故；

（4）违背考评原则，弄虚作假、营私舞弊。

（五）督导人员违规考核规定

督导人员有下列情形之一的，视情节轻重，由委派单位予以批评教育直至取消资格：

（1）无故不参加督导工作；

（2）督导过程违反技能等级评价工作有关规定；

（3）有玩忽职守、弄虚作假、徇私舞弊行为；

（4）利用职权包庇纵容被督导机构的违规行为；

（5）妨碍评价活动正常进行，并造成恶劣影响；

（6）不能如实、及时向委派单位反映被督导机构、工作人员和考生的意见或建议。

（六）参评人员违规考核规定

对在申报过程中弄虚作假，或在评价过程中发生作弊、替考、不服从管理、严重影响考场秩序、弄虚作假等行为者，视情节轻重做如下处理：

（1）批评教育；

（2）纪律处分；

（3）取消当年评价成绩及申报资格，并记入个人诚信档案；

（4）取消两年内申报资格，并记入个人诚信档案；

（5）通报批评。

 巩固与提升

1. 技能等级评价主要采取什么监督方式？

2. 参评人员违反技能等级评价有关规定如何处罚？

3. 考评人员违反技能等级评价有关规定如何处罚？

4. 工作人员违反技能等级评价有关规定如何处罚？

第八章

技能等级评价展望

本篇主要介绍技能等级评价的发展趋势，多元化评价方式的应用及对技能人才的画像，包括 3 个小节。第一节主要介绍技能等级评价的发展趋势，第二节主要介绍多元化评价方式的应用，第三节主要介绍技能人才的画像。通过本章学习能够掌握技能等级评价的前沿趋势，能掌握技能等级评价的多元化方式，掌握技能人才画像的方式，能对技能等级评价工作有更深刻的认知。

第一节　技能等级评价的发展趋势

技能等级评价由政府认定向社会化认定转变，形成以市场为导向的技能人才评价机制，加快完善技能人才评价体系，依托用人单位和社会培训评价组织两类市场主体，推行社会化职业技能等级认定，各社会培训评价组织按照"谁评价、谁发证、谁负责"的原则，承担主体责任。技能人员主动接受市场及社会的认可和检验，这也是推动政府职能转变，形成以市场为导向的技能人才培养使用机制的"一场革命"，有利于破除对技能人才队伍壮大和工匠精神大力弘扬的制约，促进产业升级和高质量发展。

随着"放管服"改革不断推进，国家逐渐下放了职业资格评价权限，企业承担起技能人员能力评价的主体责任，企业在构建全新的技能人员评价体系中面临着诸多难题。新环境下企业自主构建技能等级评价工作体系，应主要包括评价标准的构建，评价方式的匹配，评价内容的精准设置及评价结果的应用等内容，以期为企业构建符合自身发展所需企业技能等级评价体系，推动技能等级评价改革工作在企业的推广和落地。

传统的技能等级鉴定方式包括理论考试、实操考核、潜在能力答辩和综合评审等环节，因考核技术及考核成本限制，各环节考核结果具有一定的随机性，考核信效度有待提高。技能等级评价考核的多元化和科学公正原则，要求我们充分应用"大数据、云平台、移动办公、智能化辅助工具"等丰富多元化评价方式。开发智能策略出题系统和多元智慧考核平台，借助现代化工具构建多元信息化考核手段，丰富评价考核手段是技能等级评价提高"精准度"必经之路。技能等级评价的核心是从实际业务场景出发，遵循"干什么，评什么，培什么，学什么"的理念，坚持"以用促评"，以实战化的思维将评价场景和业务场景无缝融合，把技能和业绩两部分充分结合，深化改革、多元评价、科学公正、以用为主、专业参与，使评价内容更科学、更贴近实际。技能等级评价坚持"谁用人、谁评价、谁发证、谁负责"的原则，评价要素覆盖全，评价标准更加科学，强化结果应用。以动态衡量、长期跟踪评价人才为目标，设计技能等级评价将倾向动态复评机制，实现技能人员收入的能增能减，提升评价证书的含金量，充分发挥评价"指挥棒"的作用。

第二节　多元化评价方式的应用

本节从评价方式介绍和多元化评价方式的优化配置入手，阐述了技能人才评价体系是以能力为导向、以工作业绩为重点，更加注重业务能力及工匠精神和职业道德素养。技能等级评价过程是利用现代信息技术，创新评价方式，采取过程化考核、模块化考核和业绩评定、直接认定、技能竞赛等多种评价方式进行评价。

一、多元化评价方式的概述

（一）过程化考核

"过程化考核"是一种新的职业技能评价模式，它是由国家人力资源和社会保障部批准实施的。该评价方法是将原有的职业资格证书"终结式"的评价模式转变为技能人才学习过程中的多元评价。通过这种模式的调整，让企业人才的任用与企业人才的培养、评价考核、评价过程进行有效连接，从而达到"培养、考核、任用"一体化，实现对技能人才能力的真实掌握和针对性培养。再者，"过程化考核"模式更着重于技能人才成长的整个过程，能更加全面地对技能人才知识、能力水平、技能操作技巧与道德素养等各方面进行考核。

（二）模块化考核

技能等级评价是从实际业务场景出发，遵循"干什么，培什么，学什么，评什么"的理念，以实战化的思维将评价场景和业务场景无缝融合。模块化考核和业绩评定是指整个技能等级评价分为技能模块和业绩模块。技能模块是指对技能岗位人员完成核心技能工作的评价，核心技能工作是指本岗位主要的、必须完成的、能够定性或定量考核的、能够执行或操作的任务或事项，是对岗位工作质量和绩效具有决定性意义的关键工作。业绩模块是指对员工专业工作业绩的评价。专业工作业绩包括履职绩效、工作成果等岗位工作实绩。业绩模块评价以员工实际工作业绩表现为评判标准，评价根据被测者在被测群体中的排名情况确定。

模块化考核不仅从技能层面和业绩层面划分，也按照各个技能专业进行模块式考核。根据各专业模块的不同，开发模块化考核的考核标准、模块化考核的考核题库、匹配模块化的学习资源和实训基地。

（三）技能竞赛与认定衔接

企业可将职业技能竞赛作为技能人才评价的重要方式之一。按照国家职业技能标准和行业企业评价规范要求，大力开展职业技能竞赛、岗位练兵、技术比武等活动，并将竞赛结果与职业技能等级认定相衔接。对企业职工在职业技能竞赛中取得优异成绩的人员，可按规定晋升相应职业技能等级。

（四）动态复评式考核

现有技能评价采用"一考定终身""一证管一生"模式，一旦员工达到了最高标准后就可以持续享有，而在此后漫长的职业生涯中企业并不能通过鉴定的方式判别员工的实际技能并进行相应的待遇评定，难以满足企业技术与业务发展对员工技能水平持续提升的需求。基于上述问题，未来技能等级评价工作可以动态衡量、长期跟踪评价人才为目标，设计技能等级评价动态复评机制。评价时可采用初次评价+复评的模式，员工经初次技能等级评价取得初级工至高级技师证书，设定一个合理期限，到期复评，未通过者取消相应级别与待遇，实现技能人员收入能增能减，提升了评价证书的含金量。通过复评，周期性考评员工的技能，激励员工持续学习，能力不断提升。

（五）现场评价

技能等级评价是对技能岗位员工专业知识、专业技能、工作业绩和潜在能力等进行考评的活动。对人员的评价应该保持的"评价内容与工作内容一致"，技能岗位工作内容更是涉及很多的工作内容，为了更好地落实"评价内容与工作内容的一致"，技能岗位可采取现场评价的方式，通过明确现场评价的评价标准、评价场景、评价内容等，形成工作现场标准和评价标准、工作场景和评价场景、工作内容和评价内容一致性，达到工作现场及考核现场的要求，把考核和岗位工作结合起来，解决了考评内容与工作内容脱节的问题。

二、多元评价方式优化配置

（一）以多样化互补性手段实现考核覆盖所有评价点

现有的技能等级鉴定流程包括理论考试、实操考核、潜在能力答辩和综合评审等环节，未来完善的技能等级评价体系，采用智能命题技术，通过机考、实操、专业答辩等互补性考核手段，在每次评价时，核心任务评价点能够被全部覆盖，考评的有效性得到了保障。

机考：机考即计算机网络考试，基于海量题库，采用智能命题技术，确保每次考试内容涵盖员工的全部工作任务，降低了考试内容的随机性。实操考核：测试现场作业能力，全面诊断员工能力短板。采用现场实际操作、仿真模拟操作以及情景模拟等其他新型实操考核方式，考核内容覆盖实操必考项，通过在线评分系统，实时管理考核成绩，精确分析员工分项技能。专业答辩：考察员工潜在能力，与技能鉴定的"论文答辩"不同，在评价中采用"专业答辩"，内容分为两部分：第一部分为开放性问题，如"请描述一个你最引以为豪的专业成就"，第二部分为实操命题，从实操题库中随机抽取3～4题。答辩以口试方式进行问答，多维度考察员工的潜在能力。答辩可采用盲评方式，将考评员和考生物理隔离，以视频聊天方式进行，并对人员图像和声音做相应技术处理，将答辩的人为因素降到最低。

（二）打造评价实施多维智慧考核手段

开发智能策略出题系统和多元智慧考核平台根据智能出题策略对评价点进行全覆盖抽取出题，并依据机考、笔试、实操、答辩等评价方式特性灵活分配到最合适的考核平台，进而实现考核评价点全覆盖和评价方式最优化配置。实现策略指引智能化出题机制。构建智能策略出题系统，根据评价考核要求形成覆盖评价点的智能出题策略库，通过智能出题策略对评价试题库进行深度遍历分析，抽取覆盖评价点的试题资源，灵活均衡地分配到机考、笔试、实操、答辩等信息化考核平台。

构建多元信息化考核手段。一是积极研发客观题在线机考平台，有效支撑上万人同时在线参与客观题机考、过程监控以及智能判卷；二是实现主观题试卷智能扫描阅卷系统，利用图像识别等技术实现了员工笔试纸质试卷的智能扫描、识别切割及评卷专家的试题定向推送及在线评审，大幅提升纸质试卷的评卷效率和安全性；三是采用实操 PAD 考评系统，通过 PAD 设备代替纸质考核表，实现考生实操考试全过程的电子化打分、录像取证及成绩评判，提升实操评价的精准性及可追溯性；四是打造系统内远程智能答辩考评系统，利用分布式多通道远程直播、音像模糊处理等技术手段有效替代传统答辩考生与考官真人面对面，降低考官因人评分的风险，确保了答辩过程的公平公正。

（三）深化全景数字化评价结果反馈

基于员工评价考核结果，利用人工智能等手段，构建全景数字化员工职业发展平台，实现技能等级评价结果的穿透式应用。员工职业发展平台通过"可视化"展示所有职业发展路径，帮助引导员工确立职业生涯发展目标；通过"数字化"量化员工工作业绩，促进个人业绩持续成长。同时，采用大数据技术全面量化各级员工成长指数，为公司提供技能人员成长"宏观分析"及决策支撑。

第三节　技能人才画像

一、人才画像内涵

我国经济高质量发展对技能人才的现实需要以培养高技能人才、能工巧匠、大国工匠为先导，带动技能人才队伍梯次发展，形成一支规模宏大、结构合理、技能精湛、素质优良的技能人才队伍。

人才画像是对高绩效员工的精准描述，精准描述内容包括显性因素、行为因素、底层因素。显性因素既是岗位任职的基本条件：包括学历水平、专业要求、资质要求、从业经验、从业年限等岗位基本要求。行为因素包含关键经历和能力：关键经历——创造高绩效的岗位关键经历；能力——与战略文化高度匹配、绩效高度相关的领导（执行）力和专业能力。底层因素：包含性格和驱动力。性格是指性格特质和发展潜力；驱动力是指是否有冲劲和干劲，见图 8-1。

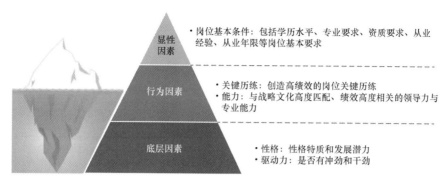

图 8-1　人才画像因素

二、技能人才画像

人才画像是从"量化"到"生动化"地看待人才表现。人才的通用素质、岗位胜任力的标准，分析了"需要什么人"这一基本问题，使得企业可以从"软性+硬性"角度清楚地知道相对量化的人才标准。但从实践角度来说，我们总想看到"具体的人"，除了一些量化标准，还需要一些更生动的具体行为，某一典型行为就可以为某个人进行准确的特质和特征勾画，做到"既闻其声，又见其人"。这种方法，就是人才画像。在人才管理中，为了精准定位招聘、选拔人才的特质，人们根据"交互设计之父"艾伦·库伯提出的"persona（虚拟代表、人物模型）"观点提出了人才画像这个工具。在岗位说明书、岗位胜任力的基础上，结合行业内外优秀人才的基本特质，提炼出属于本组织特定岗位人才的基本特征。既有岗位的硬性要求，也有人才的自身特质；既有理性的工作要求，又有柔性的行为描述。人才画像，就是把专业词语较多的岗位人才标准，变成了活生生的人，使得我们可以更加全面、生动地判断一个人。

针对电网企业技能人才画像，我们可以从画像维度、画像指标、指标定义等要素进行分析。电网技能人才画像遵循 ASK 模型（A：知识，S：技能，K：态度），将画像维度分为综合知识、综合技能、综合素质，画像指标、指标定义如表 8-1 所示，画像维度和画像指标叮根据实际岗位工作要求进行调整和细分。

表 8-1　　　　　　　　　　人才画像维度、指标示例表

画像维度	画像指标	指标定义
综合知识	公司概况	公司的基本情况，包括公司历史，公司规模，主营业务等
	企业文化	由公司价值观、信念、仪式、符号、处事方式等组成的其特有的文化形象
	公司制度	公司经济运行和发展中的一些重要规定、规程和行动准则
	法律法规	国家颁布，现行有效的法律、行政法规、司法解释、规章、规章等规范性文件
	安全规程	为了保证安全生产制定的必须遵守的操作活动规则

续表

画像维度		画像指标	指标定义
综合技能	基础能力	沟通表达能力	表示通过有效的听、说、读、写获取信息并有效传达信息的能力
		写作能力	个人的书面言语表达能力
		创新能力	个体运用一切已知信息，包括已有的知识和经验等，产生某种独特、新颖、有社会或个人价值的产品的能力
		办公软件应用	可以运用文字处理、表格制作、幻灯片制作、图形图像处理、简单数据库的处理等方面的软件开展工作
		发现与解决问题的能力	善于发现问题、分析问题和解决问题，是电力工匠必备的素质
		学习能力	通过吸取自己或他人经验教训、科研成果等方式，增加学识、提高技能，从而获得有利于未来发展的能力
		团队协作能力	建立在团队的基础之上，发挥团队精神、互补互助以达到团队最大工作效率的能力
	传承能力	培训教学能力	掌握一定的课程制作及授课能力，将自己所学和经验通过一定形式传授或复制给其他人
		师带徒	发挥师傅"传、帮、带"的作用，引导新员工适应新环境，促进新进员工技能提升和职业成长
	管理能力	团队管理	按照团队成员工作性质、能力组成各种小组，参与组织各项决定和解决问题等事务，以提高组织生产力和达成组织目标
		项目管理	项目管理者将知识、技能、工具与技术应用于项目活动，以满足项目的要求
工匠素质		爱岗敬业	热爱自己的工作岗位和本职工作，用恭敬严肃的态度对待自己的工作，表现为对本职专心、认真、负责，是职业道德基本规范的核心和基础
		尽心尽责	弄清自身岗位职责，牢固树立责任意识，具备相应的责任能力，把履职尽责作为工作追求
		精益求精	不断强化专业知识和专业技能的学习和训练，为达到完美的效果，不厌其烦地专注和坚持，追求产品或服务质量的极致
		勇于承担	对于自己工作内容的部分，出了问题，要勇于直面问题，承担责任，不能逃避
		刻苦钻研	深挖学习专业知识和技术技能，深入研究技术难题的解决办法，专心致志地进行反复实践和验证
		组织承诺	也译为"组织忠诚"，通过一段时间与公司的磨合，从内心认同公司的价值观和组织目标，愿意为组织目标投入更多精力和时间
		内驱力	内驱力也叫动力，驱使有机体产生一定行为的内部力量。与它相对应的概念是诱因。内驱力存在于机体内部，诱因存在于机体的外部
		攻坚克难	迎难而上、知难而进，积极开拓进取，具备战胜艰难险阻的勇气

人才画像的维度和指标，可以对不同人才进行画像，绘制不同人才的能力雷达图、绘制学习地图等，帮助企业和组织更好地了解人才的优劣势，有助于人岗匹配，也能让组织和个人了解人才需要学习的方向和提升的技能点，见图8-2。

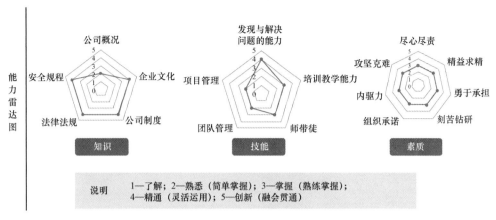

图 8 - 2　人才能力雷达图

三、画像结果运用

现有技能等级评价工作评价维度单一，评价指标缺乏精准度，对技能人才的评价结果呈现单一。但随着社会化发展，技能等级评价结果应用应该更加广泛，不应该仅仅以技能等级评价"通过"或"不通过"评价为结果呈现，未来的市场需求是我们不断提升对技能人才认知，需要不断完善技能等级评价体系。技能人才画像是技能人才培养的"风向标"，是技能人才配置的"定位器"，是统一和规范人力资源市场的"度量衡"。技能人才多维度画像结果彰显技能人才多个维度的评价结果，既有综合素质的整体呈现，又有单个技能方面的优缺点呈现。通过技能人才画像，我们能够对技能人才能力素质有更加全面地了解，技能人才精准画像完善技能等级评价体系，对技能人才的选拔、培养、评价及任用等都具有较深的指导意义，深化技能等级评价结果应用，全面提升技能人才相关工作质效。

附 录

附 录 A 委 托 评 价 管 理

《人力资源和社会保障部办公厅关于支持企业大力开展技能人才评价工作的通知》（人社厅发〔2020〕104 号）提出"符合条件、经备案的企业可面向本企业职工（含劳务派遣、劳务外包等各类用工人员）组织开展职业技能水平评价工作"。根据《关于全面开展企业技能人才自主评价工作的通知》（鲁人社字〔2020〕20 号），评价工作组织规范、评价结果质量高、符合规定条件的自主评价企业可承接其他同类企业在岗职工委托评价服务。委托评价双方应签订委托评价协议，制定评价实施方案。对于与供电服务公司或其他省管产业单位签订劳动合同的人员，可采用委托的方式开展评价。

一、评价准备

对于委托评价，由用人单位负责梳理评价需求征集、组织申报和资格审查，并向省公司技能等级评价中心出具评价委托函，委托函中应明确评价时间范围、工种范围、所依据的标准、委托企业名称及评价人数，并附参评人员信息（包括姓名、身份证号、单位、岗位、学历、入职时间、评价工种、评价等级、联系方式等），参评人员信息应收集齐全、准确，各字段后续将用于向人社部门报备评价结果数据。

二、评价实施

国网公司、省公司及各地市公司级单位按照职责分工分别组织开展相应等级评价工作，在规定时间范围内，严格依据各项管理制度及工作标准完成委托评价任务，并据实成本性收支各环节评价费用。

国网公司统一开发了国网学堂微信公众号报名平台，用于支撑服务委托评价工作，目前已具备人员在线报名、资格审核等功能。

三、结果应用

委托评价工作完成后，评价结果由人员所在单位公示 5 个工作日，公示无异议后由省公司技能等级评价中心统一发函公布，人员所在单位负责管理评价结果应用，兑现相关待遇。国网公司、省公司依据相关规定向人社部门报备评价结果数据。

委托评价分为以下 3 种情况：

（1）对于职工实际从事的职业（工种）不在公司评价范围内的，各单位可委托经人力资源和社会保障部备案的社会培训评价组织进行评价。

（2）对于公司评价范围内的职业（工种），未备案或不具备评价条件的单位（含控股单位、公司代管单位、省管产业单位），可委托指导中心或公司系统内其他单位进行评价。

（3）职工个人在其他评价机构取得的职业技能等级，其职业（工种）在公司评价范围内的，不予确认；在公司评价范围外，且与工作岗位相符的，须经地市公司级及以上单位确认。

附 录 B 评 价 项 目 管 理

根据《国家电网有限公司教育培训项目管理办法》有关规定，技能等级评价纳入项目管理流程，按照项目管理规定进行整体管控。技能等级评价项目管理主要包括计划储备计划编制、招投标管理、项目实施、项目验收等环节。

一、储备计划编制

（一）时间节点要求

（1）每年7月，各级人力资源部门预估下一年度技能等级评价需求，包括评价对象、评价人数、评价天数等，同时按照分项定额标准确定费用预算，填写"教育培训储备库（人才评价）导入模板"。

（2）每年8月，各单位将"教育培训储备库（人才评价）导入模板"信息导入"教育培训集中部署"系统，省公司人力资源部组织教育培训项目储备评审。

（3）每年9月，省公司人力资源部汇总各单位审核通过的项目信息，报送国网公司备案，限上项目所在单位参加国网公司项目评审。

（4）每年10月，国网公司对各单位技能等级评价项目进行审查，形成次年度教育培训项目储备库。

（5）每年12月，国网公司下达下年度培训项目总控规模及下年度培训计划，各单位从教育培训项目储备库中形成下年度培训计划。

（二）管理要求

根据《国家电网有限公司教育培训项目管理办法》有关要求，各单位人力资源管理部门以立项文件中明确的技能等级评价项目，经审核通过后纳入教育培训项目储备库，并经履行审批手续形成教育培训项目储备计划。

要点提示：每年的储备计划要根据次年评价需求，提前考虑安排技能等级评价培训及评价实施等项目，为次年技能等级评价的顺利开展做好计划储备。

二、招投标管理

招投标管理是技能等级项目管理的关键一环，需要根据评价项目具体实施情况，组织开展招标流程和投标流程。

（一）编制年度采购需求计划

每年初，省公司物资部组织各单位开展物资采购年度需求计划编制工作，各单位充分结合项目储备信息，按照"科学统筹、智慧编制"的原则开展年度需求计划编制工作，保障计划源头管控。

1. 计划编制

各单位根据上年度技能等级评价储备计划，以省公司两级集中采购（含授权、二级专区、直接委托）目录和采购批次安排、财务预算及项目实施进度为依据，应用项目需求分析、可研报告开展编制工作，填写"年度需求计划项目模板"和"年度需求计划编制模板"。

2. 计划提报

各单位人才评价专责登陆物资工作管理平台，以"年度需求计划项目模板"导入的方式开展储备库项目创建；各单位人才评价专责基于物资工作管理平台中的储备项目，结合综合计划与财务预算，依照"年度需求计划编制模板"分别按单体项目收集年度需求（即每个单体项目各创建一个Excel版的年度需求计划编制模板），在物资工作管理平台上传本单位年度需求计划，由省公司物资部门收集并会同省公司专业部室审核后提报至国网公司。

（二）开展招标采购

各单位根据年初编制的年度需求计划，按照省公司集中采购或各单位授权采购的方式开展服务类招标采购工作，包括编制技术规范书、挂接ECP2.0系统、上传物资工作管理平台、与中标方签订合同等内容。

1. 编制技术规范书

各单位招标之前，根据技能等级评价项目的实际需求，确定投标方的资质和业绩要求，同时按照物资部要求进行技术规范书的编制，明确服务内容、项目技术要求、工程量清单等内容。

2．挂接技术规范书

技术规范书编制完成后，需将其挂接至国家电网公司电子商务平台（ECP2.0），生成技术规范书编码。在提交技术规范书至物资部门审批之前，可对技术规范书进行删除、修改等操作，若提交审批后对技术规范书进行修改、删除等，可联系本单位物资部门审批人退回后进行下一步操作。具体操作详见物资部门下发的《技术规范书挂接 ECP2.0 系统操作手册》。

3．上传物资工作管理平台

技术规范书挂接完成后，登录物资工作管理平台，进入服务采购计划 – 授权采购计划管理 – 授权采购计划提报模块，下载"授权采购计划管理 – 计划提报上传模板"，填入技术规范书编号及其他信息后，上传该模板，提交审批至本部门负责人，本部门负责人审批后传递至物资部门审批人账号。

（三）评价实施单位开展投标流程

1．获取采购文件

评价实施单位登录国家电网公司电子商务平台（ECP2.0）报名购买、下载技能等级评价项目采购文件，若未注册该网站，需先行注册并办理电子钥匙，办理时长大约为 5 个工作日，下载采购文件后，根据招标公告的要求在规定时间内办理投标保证金付款等工作。

2．编制投标文件

评价实施单位严格按照采购文件的要求，编制技术文件和商务文件，同时依据工程量清单制定合理的投标报价。投标文件编制完成后，根据采购文件的相关要求进行打印、签字、盖章、封装等后续工作。

3．参与投标

完成上述工作后，评价实施单位应在规定的时间截止前递交投标文件，参与投标。

（四）签订服务合同

招标流程完成后需 30 日内完成合同签订。合同双方商议合同细节，招标方项目负责人根据合同信息在 ERP 创建采购订单，将采购订单传送至经法系统，项目负责人在经法系统中挂接该采购订单并填写其他合同内容后提交相关部门审批，审批完成后下载带有二维码的合同，双发签字盖章，完成合同签订工作。

三、项目管控

（一）管理要求

对于技能等级评价项目的组织实施，由项目实施单位撰写实施方案，制定项目成本预算表，项目实施过程中，如发生重大事项调整，必须履行项目计划调整程序。

（二）项目实施流程

1. 计划编制

项目实施单位合理编排技能等级评价计划，明确每批次参评人数，确保评价实施准备充分，评价安排科学合理，同时根据评价计划安排，编制考评员需求计划表。评价计划和考评员需求计划表一同报省公司人才评价中心审核。

项目实施单位分解评价计划，结合各参评单位实际情况，将每批次的评价人数分解到各用人单位。参评人员所在单位组织评价人员结合工作实际和自身需求，合理申报评价批次，反馈参评回执表。

2. 组织申报

根据不同的技能等级评价项目，按照其相关要求进行个人申报或单位集中申报。在项目实施过程中，用人单位做好宣传发动和个人申报工作，各专业部门做好业绩审核，人力资源部门做好资质初审等工作。人力资源部门应全程参与项目实施，并供相关政策支撑，跟踪调度项目实施进度。

3. 评价筹备

项目实施单位根据通知要求，组织考试考核场地的筹备工作，包括培训文具、耗材的采购、设备仪器的检修调试等，评价场地要符合评价安全管理和疫情防控要求，承载力要满足评价各批次人数要求，评价实施前 3 日要组织好场地的验收。

4. 组织实施

高级工及以下等级评价分为理论考试和实操考试，技师及以上等级评价分为理论考试、实操考试和面试答辩。每批次评价完成后，项目实施单位对评价过程资料进行整理归档，涉及保密管理的资料，按照省公司档案保密相关规定执行。

5. 省公司审核

省公司对各单位上报的技能等级评价项目数据进行复审，明确最终通过人员信息。

6. 结果公示

对通过技能等级评价的人员结果进行公示。

具体参见第三章评价流程管理

（三）项目过程管控

1. 进度管控

项目实施单位应根据各级人力资源部门要求，按照项目实际情况，编制项目实施计划。

2. 质量管理

项目实施单位应成立管理团队或专家评审组，组织做好项目实施的具体质量管控工作，采取专家现场督导、评审、会议等方式进行过程管控。

3. 成本管控

项目实施单位应严格项目经费管控，落实项目预算、决算制度，依法合规支出项目费用。

4. 资料收集

项目实施单位应加强前期资料整理、过程资料收集归档，确保项目资料痕迹化管理。

四、费用列支范围和标准

各实施单位要加强技能等级评价费用管控，严格根据费用列支范围和标准进行结算，禁止超范围、超标准结算，相应过程资料做好存档，以规避上级单位审计和巡察风险。

技能等级评价项目费用常见列支范围包括：专家费、材料费、租赁费、专家住宿费、杂费等。其中租赁费包含设备租赁和场地租赁。

五、项目验收

（一）管理要求

项目验收是指项目实施完毕后，通过专家验收，确保项目实施资料齐全，由人力资源部门主导完成的项目全过程资料规范性验收。

（二）验收流程

技能等级评价项目验收应成立专家组，可以采取会议验收、委托第三方机构评估等方式开展。具体流程如下：

（1）技能等级评价项目实施完毕后，项目实施单位需据实统计项目执行过程中产生的费用，填写《技能等级评价项目决算表》，说明项目的具体实施情况，提出验收申请。

（2）各级人力资源部门组织专家开展项目验收，重点审查提供验收的各类文档的正确性、完整性和统一性，审查文档是否齐全、合理；费用标准是否合规，有无超标现象等。

（3）验收完毕后，验收专家填写《技能等级评价项目验收报告》（附表 B-3），对项目总体情况、预期目标完成情况及项目合规性情况进行评价，验收专家签字后留存作为项目验收资料。

（4）项目验收完毕后，项目实施单位应对项目资料进行规整，装订成册，移交人力资源部门备案留存，人力资源部门凭项目验收资料据实结算项目费用。

（三）验收模板及资料留存

主要包括：《技能等级评价项目决算表》技能等级评价项目验收申请表》《技能等级评价项目验收报告》及技能等级评价有关档案资料，详见附表 B-1 至附表 B-3。

附表 B-1   技能等级评价项目决算表

	项目名称				项目编号		
	实施单位		联系人		联系方式		
	主办单位		联系人		联系方式		
	实际人数		实际天数		评价地点		
实际支出							
序号	项目名称	支出金额		计算标准		数量	说明
1	评价场地费						
1-1	普通教室						
1-2	电子教室（外网环境）						
1-3	电子教室（内网环境）						
1-4	实训室						
2	专家费						（含个人所得税）
2-1	内部专家						
2-2	外部专家						
3	专家差旅费						
3-1	食宿费						
3-2	交通费						
4	资料费						
5	实训材料费						
6	租赁费						
6-1	设备租赁费						
6-2	车辆租赁费						
6-3	其他租赁						
7	杂费						
8	其他费用						
合 计							
项目实施单位	负责人（签字）： 年　　月　　日						
主办部门审核	负责人（签字）： 年　　月　　日						
人资部门审核	负责人（签字）： 年　　月　　日						

附表 **B**-2　　　　　　　　　　技能等级评价项目验收申请表

项目名称			
批准文号		项目投资	
申请验收理由及主要内容	国网×××供电公司技能等级评价项目，为职工教育培训一类项目，计划××××××，已完成××××，特申请验收。 　　项目验收范围： 　　　　　　　　　　　　"×××"		
申报验收资料清单	申报验收资料清单		

项目承担单位意见：
　　我单位承担的国网×××供电公司技能等级评价项目，主要工程内容为××××××，按照实施计划已完成，特申请对本项目进行验收。

负责人签名：

年　　　月　　　日（单位公章）

附表 **B-3**　　　　　　　　　技能等级评价项目验收报告

项目单位：

计划编码		项目名称	
承办单位		费用金额	（万元）
项目概况			
验收发现问题及处理情况			
验收项目及评价			
验收意见	验收工作组组长签名 年　　月　　日		

表决情况	总人数	同意	不同意	弃权
	人	人	人	人

验收工作组名单及签名			
姓名	职务或职称	工作单位	签字

附 录 C　正 文 有 关 附 件

附表 C-1　　　　　　　　　　　技能考核统分记录表

申报人姓名：＿＿＿＿＿＿＿＿＿＿＿＿　　　　　　单位：＿＿＿＿＿＿＿＿＿＿＿＿＿

申报工种：＿＿＿＿＿＿＿＿＿＿＿＿　　　　　　准考证号：＿＿＿＿＿＿＿＿＿＿＿

序号	项目名称	考评员打分				平均分	备注
		得分 1	得分 2	得分 3	……		
1							
2							
3							
总　　成　　绩							

统分人（签字）：　　　　　　　　　　　　　　　　　　　　　　　年　月　日

考评小组评语：

组长（签字）：　　　　　　　　　　　　　　评价单位（章）

　　　　　　　　　　　　　　　　　　　　　　年　　月　　日

附表 **C-2** 技术总结评分记录表

申报人姓名：_____   单位：_____

申报工种：_____

序号	内容及要求	标准分	评分标准	分项最高分	实际得分	备注
1	专业技术总结的创新性	10	在全国电力系统内创新性	10		
			在省公司级单位内创新性	8		
			在地市公司级单位内创新性	6		
2	技术总结的实用性	8	在全国电力系统内实用性	8		
			在省公司级单位内实用性	6		
			在地市公司级单位内实用性	4		
			结论比较正确	2		
3	专业技术总结的实际效果	7	在全国电力系统内实际效果	7		
			在省公司级单位内实际效果	5		
			在地市公司级单位内实际效果	3		
4	专业技术总结写作表达水平	5	条理清楚，文字准确简洁	5		
			条理基本清楚，文字准确	3		
			条理不太清楚	2		
否定项说明		1. 内容确系抄袭。 2. 内容与本专业及相关专业无关。				
考评员（签字）：				合计		

附表 **C-3** 潜在能力答辩评分记录表

申报人姓名：_____   单位：_____

申报工种：_____

技术总结汇报情况（10分）		扣分情况及扣分原因	得分	备注
1. 脱稿汇报	2分			
2. 语言表达准确、吐字清晰	2分			
3. 条理清晰、层次分明、重点突出	2分			
4. 简明扼要地准确阐明技术总结的主要内容	3分			
5. 在规定时间内完成汇报	1分			
答辩情况（60分）		扣分情况及扣分原因	得分	备注
题目一：				
题目二：				
题目三：				
题目四：				
考评员（签字）：			合计	

附表 C-4　　　　　　　　　　　潜在能力考核统分记录表

申报人姓名：_____　　　　　　　　　　　　单位：_____

申报工种：_____

序号	项目名称	考评员打分				得分	备注
		得分 1	得分 2	得分 3	……		
1	专业技术总结						
2	潜在能力面试答辩						
总　成　绩							

统分人（签字）：　　　　　　　　　　　　　　　　　　　　　　　年　月　日

考评小组评语：

组长（签字）：　　　　　　　　　　　　　　　　　　评价单位（章）

　　　　　　　　　　　　　　　　　　　　　　　　　　年　月　日

附表 C-5　　　　　　　　　　技师评价申报材料（电子版）目录

申报单位：_____　　　　　姓　名：_____

工　种：_____　　　　　备　注：_____

序号	材料名称	文件个数	备注
1	技师评价申报表	1	PDF 格式
2	专业技术总结	1	Word 格式
4	身份证复印件	1	正反面，PDF 格式
4	高级工或中级工程师证书复印件	1	PDF 格式
5	工作年限证明	1	盖章扫描件，PDF 格式
6	获奖证书及成果证明材料	X	PDF 格式
7	其他材料		

说明：申报材料按目录表整理排序。

附表 C-6 工 作 业 绩 评 定 表

申报人姓名：＿＿＿＿＿＿＿＿＿＿＿＿＿ 单位：＿＿＿＿＿＿＿＿＿＿＿＿＿

申报工种：＿＿＿＿＿＿＿＿＿＿＿＿＿＿＿＿＿＿＿＿＿＿＿＿＿＿＿＿＿＿＿＿＿＿

考核项目	标准分	考 核 内 容	分项最高分	实际得分	备注
安全生产	25	三年内无直接责任重大设备损坏、人身伤亡事故。发现事故隐患，避免事故发生或扩大（主要人员）	15		
		遵守安全工作规程，没有安全生产违规现象	8		
		获得安全生产荣誉称号	2		
工作成就	65	自参加工作之日起至今无任何事故	7		
		技术革新、设备改造取得显著经济效益（主持或主要人员）	4		
		发现并正确处理重大设备隐患（主要人员）	10		
		参加或担任重大工程项目、设备运行调试（主要人员）	4		
		在解决技术难题方面起到骨干带头作用	5		
		传授技艺、技能培训成绩显著	20		
		组织或参加编写重要技术规范、规程	10		
		工作中具有团结协作精神，有较强的组织协调能力	5		
工作态度	10	自觉遵守劳动纪律、各项规章制度	6		
		对工作有较强的责任感，努力钻研技术、开拓创新	4		
合 计					

业绩评定小组评语	组长（签字）： 年 月 日
申报人所在单位意见	人资部门（章） 人资部门负责人（签字）： 年 月 日

说明：1. 本表由申报人所在单位人资部门组织填写。

2. 晋级评价工作业绩评定内容以取得高级工资格后为准。

附表 C-7　　　　　　　　　　专 业 技 术 总 结 表

专 业 技 术 总 结

（标题宋体二号，居中）

（正文仿宋小三，两端对齐）

本人从××年××月参加工作，先后从事××、××等工作。××年××月至今，在××部门任职，负责××等工作。

一、主要工作业绩（黑体小三）

1. 主要工作业绩描述：（楷体小三）

（1）（正文仿宋小三，两端对齐）

（2）

……

2. 技术革新改造、专利、QC 成果、科技成果、典型经验描述：（楷体小三）

（1）（正文仿宋小三，两端对齐）

（2）

……

3. 编写规程论文描述：（楷体小三）

（1）（正文仿宋小三，两端对齐）

（2）

……

4. 比武获奖和荣誉描述：（楷体小三）

（1）（正文仿宋小三，两端对齐）

（2）

……

二、实际工作示例（黑体小三）

示例一：×××××××××××××（楷体小三）

1. 典型案例叙述：（仿宋小三）

（正文仿宋小三，两端对齐）

2. 分析原因：（仿宋小三）

（1）（正文仿宋小三，两端对齐）

（2）

……

3. 解决的措施和方法及手段：（仿宋小三）

（1）（正文仿宋小三，两端对齐）

（2）

……

4. 结论、实际效果：（仿宋小三）

（1）（正文仿宋小三，两端对齐）

（2）

……

示例二：××××××××××××××（楷体小三）

……

示例三：××××××××××××××（楷体小三）

……

三、培训工作（黑体小三）

（正文仿宋小三，两端对齐）

四、工作感悟（黑体小三）

（正文仿宋小三，两端对齐）

结束语：（仿宋小三）

（正文仿宋小三，两端对齐）

获奖证书及成果证明材料排列顺序

序号	材料名称
1	培训证明
2	主要工作业绩证明
3	技术革新、改造、科技成果等证明材料
4	著作、规程、论文（获奖）证明材料
5	各类竞赛获奖证书
6	师带徒、培训授课、技能教练的证书或文件
7	个人荣誉证书及证明材料

说明：所有材料统一提供扫描件，材料命名须体现材料种类，如"培训证明"、"主要工作业绩证明"等。

职工专业岗位工作年限证明
（晋级申报、直接认定）

　　我单位职工＿＿＿＿＿＿同志，于＿＿＿＿＿＿年＿＿月参加工作，现从事
＿＿＿＿＿＿＿＿＿＿岗位（工种）工作，于＿＿＿＿年＿＿月取得＿＿＿＿工种
＿＿＿＿技能等级，取得上述等级后在本工种工作累计达＿＿＿＿年。

　　特此证明。

　　人事部门负责人（签字）：　　　　　　　　　　人事部门（盖章）：

　　　　年　月　日　　　　　　　　　　　　　　　年　月　日

职工专业岗位工作年限证明
（职称贯通）

　　我单位职工＿＿＿＿＿＿同志，于＿＿＿＿＿＿年＿＿月参加工作，现从事＿＿＿＿＿＿＿＿＿＿＿＿岗位（工种）工作，于＿＿＿年＿＿月取得＿＿＿＿专业技术资格，且在本工种工作累计达＿＿＿＿年。

　　特此证明。

人事部门负责人（签字）：　　　　　　　　　　人事部门（盖章）：

　　年　月　日　　　　　　　　　　　　　年　月　日

职工专业岗位工作年限证明
（同级转评）

我单位职工＿＿＿＿＿＿同志，于＿＿＿＿＿年＿＿月参加工作，于＿＿＿＿年＿＿月取得＿＿＿＿工种 <u>技师</u> 技能等级，于＿＿＿＿＿年＿＿月转岗至＿＿＿＿＿＿＿＿＿＿＿＿＿＿岗位（工种）工作，在现工种工作累计达＿＿＿＿年。

特此证明。

人事部门负责人（签字）：　　　　　　　　　　人事部门（盖章）：

　　　年　月　日　　　　　　　　　　　　　　年　月　日

附表 C–8　　　　国网山东省电力公司技能等级评价资料归档目录

序号	分类		归档资料目录	保管期限	编号
1	评价筹备		技能等级评价方案、计划	3 年	RD1-1
2			技能等级评价通知	3 年	RD1-2
3			技能等级评价考评员抽调通知	3 年	RD1-3
4	评价实施	人员报名	技能等级评价参评人员信息登记表	3 年	RD2-1
5		考评会议	技能等级评价考评会议签到表	3 年	RD2-2
6			技能等级评价考评会议记录表	3 年	RD2-3
7			技能等级评价考评员安全和质量承诺书	3 年	RD2-4
8			技能等级评价考评员诚信和保密承诺书	3 年	RD2-5
9			技能等级评价考评安排	3 年	RD2-6
10		专业知识考试	技能等级评价专业知识考试签到表	3 年	RD2-7
11			技能等级评价专业知识考场记录表	3 年	RD2-8
12			技能等级评价专业知识考试成绩统计表	3 年	RD2-9
13			技能等级评价专业知识考试试卷（导出）	3 年	RD2-10
14		专业技能考核	技能等级评价专业技能考核签到表	3 年	RD2-11
15			技能等级评价专业技能考核考场记录表	3 年	RD2-12
16			技能等级评价专业技能考核成绩统计表	3 年	RD2-13
17		潜在能力考核	技能等级评价潜在能力考核成绩统计表	3 年	RD2-14
18	评价实施	考评总结	技能等级评价考评员评分表	3 年	RD2-15
19			技能等级评价考评报告	3 年	RD2-16
20			技能等级评价质量督导报告	3 年	RD2-17
21			技能等级评价成绩汇总表	3 年	RD2-18
22			技能等级评价通过人员名单	3 年	RD2-19
23	个人档案	申报材料	技能等级评价申报表（初、中、高级工）	永久	RD3-1
24			技师评价申报表	永久	RD3-2
25			现职业资格（技能等级评价）证书复印件	3 年	RD3-3
26			工作年限证明	3 年	RD3-4
27			技师绩效等级证明	3 年	RD3-5
28			技师工作业绩佐证材料	3 年	RD3-6
29		考核材料	技能等级评价专业技能考核试卷、评分表	3 年	RD3-7
30			技师工作业绩评定表	3 年	RD3-8
31			技师职业素养评议表	3 年	RD3-9
32			技师技术总结评分记录表	3 年	RD3-10
33			技师潜在能力考核情况表	3 年	RD3-11
34	电子档案		有关声像档案材料	5 年	RD4-1
35			有关电子文档	永久	RD4-2